Wissenschaftliche Taschenbücher WTB

Chemie

Kurt Schwabe

pH-Messung

Akademie-Verlag · Berlin

WTB Wissenschaftliche Taschenbücher

Eine Auswahl lieferbarer Bände:

JOACHIM AUTH / DIETMAR GENZOW
KLAUS H. HERRMANN
Photoelektrische Erscheinungen

HANS BANDEMER
ANDREAS BELLMANN
WOLFHART JUNG / KLAUS RICHTER
Optimale Versuchsplanung

FRANK BEICHELT
Prophylaktische Erneuerung von Systemen

JOACHIM BELLACH / PETER FRANKEN
ELKE WARMUTH / WALTER WARMUTH
Maß, Integral und bedingter Erwartungswert

WOLFRAM BRAUER
HANS-WALDEMAR STREITWOLF
Theoretische Grundlagen der Halbleiterphysik

SIEGFRIED BREHMER
Einführung in die Maßtheorie

JOHN CUNNINGHAM
Vektoren

GEORG DAUTCOURT
Relativistische Astrophysik

K. CH. DELOKAROV
Relativitätstheorie und Materialismus

WERNER DÜCK
Diskrete Optimierung

HANNELORE FISCHER
JOACHIM PIEHLER
Modellsysteme der Operationsforschung

GOTTFRIED FRITZSCHE
Grundlagen und Entwurf passiver Analogzweipole
Netzwerke I
Entwurf passiver Analogvierpole
Netzwerke II
Entwurf aktiver Analogsysteme
Netzwerke III

HERBERT GOERING
Asymptotische Methoden zur Lösung von Differentialgleichungen

HERBERT GOERING
Elementare Methoden zur Lösung von Differentialgleichungsproblemen

EDUARD HERLT / NIKOLAUS SALIÉ
Spezielle Relativitätstheorie

HELMUT HESS
Der elektrische Durchschlag in Gasen

V. I. KARPMAN
Nichtlineare Wellen in dispersiven Medien

ULRICH KAUSMANN
KLAUS LOMMATZSCH
FRANTIŠEK NOŽIČKA
Lineare parametrische Optimierung

A. R. KESSEL
Akustische Kernresonanz

KONRAD KREHER
Festkörperphysik

DIETER KRESS
Theoretische Grundlagen der Signal- und Informationsübertragung

DIETER LEUSCHNER
Grundbegriffe der Thermodynamik

Dierck-Ekkehard Liebscher
Relativitätstheorie mit Zirkel und Lineal

Wolfgang Meiling
Digitalrechner in der elektronischen Meßtechnik
Teil 1: Meßmethodik
Teil 2: Gerätetechnik und Anwendungen

L. I. Miroschnitschenko
Kosmische Strahlung im interplanetaren Raum

Peter Paufler
Gustav E. R. Schulze
Physikalische Grundlagen mechanischer Festkörpereigenschaften
Teil I und II

Ulrich Röseberg
Quantenmechanik und Philosophie

Albrecht Rost
Messung dielektrischer Stoffeigenschaften

J. V. Sačkov
Wahrscheinlichkeit und Struktur

E. M. Sawizki
Perspektiven der Metallforschung

Wolfgang Schäfer
Theoretische Grundlagen der Stabilität technischer Systeme

Ernst Schmutzer
Symmetrien und Erhaltungssätze der Physik

Volkmar Schuricht
Kernexplosionen für friedliche Zwecke

Norbert Sieber
Hans-Peter Leidhold
Einführung in die Datenverarbeitung

Hubertus Stolz
Supraleitung

Festkörperphysik
Entwicklungstendenzen und Anwendungsmöglichkeiten

Die Schöpfer der physikalischen Optik
Eine Artikelsammlung

Hans-Georg Schöpf
Von Kirchhoff bis Planck

Horst Melcher
Albert Einstein wider Vorurteile und Denkgewohnheiten

Renate Wahsner
Mensch und Kosmos
Die copernicanische Wende

Helmut Friemel / Josef Brock
Grundlagen der Immunologie

Eberhard Hofmann
Funktionelle Biochemie des Menschen
Band 1 und 2

Lothar Jäger
Grundlagen der Klinischen Immunologie

Karlheinz Lohs
Dieter Martinetz
Entgiftung — Mittel, Methoden und Probleme

Joachim Nitschmann
Entwicklung bei Mensch und Tier

Stephan Schnitzler
Pharmakologische Aspekte von Immunreaktionen

Dieter Spaar
Helmut Kleinhempel
Hans Joachim Müller
Klaus Naumann
Bakteriosen der Kulturpflanzen

Eberhard Teuscher
Pharmakognosie
Teil I—III

Michael Theile
Siegfried Scherneck
Zellgenetik

Peter Birner
Hans-Jörg Hofmann
Cornelius Weiss
MO-theoretische Methoden in der organischen Chemie

Heinrich Bremer
Klaus-Peter Wendlandt
Heterogene Katalyse

Günter Eppert
Einführung in die Schnelle Flüssigchromatographie

Gerhard Geiseler / Heinz Seidel
Die Wasserstoffbrückenbindung

Falko H. Herrmann
Martina Ch. Herrmann
Das Hämoglobin des Menschen

Helmut Hrapia
Einführung in die Chromatographie

Hans Luppa
Grundlagen der Histochemie
Teil I und II

Dieter Onken
Antibiotika — Chemie und Anwendung

Burkart Philipp
Gerhard Reinisch
Grundlagen der makromolekularen Chemie

Horst Remane / Rainer Herzschuh
Massenspektrometrie in der organischen Chemie

Adolf Zschunke
Kernmagnetische Resonanzspektroskopie in der organischen Chemie

Vorschau auf die nächsten Bände:

Horst-Heino von Borzeszkowski
Renate Wahsner
Newton und Voltaire
Zur Begründung und Interpretation der klassischen Mechanik

Richard Campbell
Mikrobielle Ökologie

J. G. Collee
Angewandte medizinische Mikrobiologie

Claus Hamann / Joachim Heim
Hubert Burghardt
Organische Leiter, Halbleiter und Photoleiter

Hasso Meinert
Fluorchemie

Dieter Michel
Grundlagen und Methoden der kernmagnetischen Resonanz

Gernot Neugebauer
Relativistische Thermodynamik

Volker Nollau
Semi-Markovsche Prozesse

Joachim Schuppan
Theorie und Meßmethoden der Konduktometrie

Joachim Schuppan
Anwendungen der Konduktometrie

Volkmar Schuricht
Fusionsreaktoren und Umwelt

Rainer Sinz
Chronopsychophysiologie, Chronobiologie und Chronomedizin

WTB

BAND 247

Kurt Schwabe

pH-Messung

Mit 51 Abbildungen und 17 Tabellen

AKADEMIE-VERLAG · BERLIN

Reihe CHEMIE

Herausgegeben im Auftrage
der Akademie der Wissenschaften der DDR

von

Prof. Dr. Dr. h. c. H. Klare, Berlin

Prof. Dr.-Ing. Dr. h. c. E. Leibnitz, Berlin

Prof. Dr.-Ing. habil. Dr. rer. nat. h. c. mult. K. Schwabe, Meinsberg

Verfasser:

Prof. Dr.-Ing. habil. Dr. rer. nat. h. c. mult. K. Schwabe

Meinsberg

1980

Erschienen im Akademie-Verlag,

DDR-1080 Berlin, Leipziger Straße 3—4

Lektor: Gisela Güntherberg

Lizenznummer: 202 · 100/472/80

Gesamtherstellung: VEB Druckhaus „Maxim Gorki",

7400 Altenburg

Bestellnummer: 762 553 4 (7247) · LSV 1234

Printed in GDR

DDR 12,50 M

Vorwort

Die pH-Messungen finden heute in den verschiedensten Bereichen der Naturwissenschaften und der Technik Verwendung. Die Medizin benutzt den pH-Wert als wichtiges diagnostisches Hilfsmittel. Die physikalisch-chemische Bedeutung dieses Wertes wird dann überschätzt, wenn man konventionelle Meßverfahren anwendet, insbesondere die potentiometrische pH-Messung mit den verschiedensten Indikatorelektroden, weil eine exakte Bestimmung der Einzelionenaktivität des Wasserstoffions nicht möglich ist. Das bedeutet natürlich nicht, daß der pH-Wert für die Prozeßkontrolle, bei biologischen und medizinischen Untersuchungen als Meßwert unbrauchbar ist. Man kann diesen Meßwert als Vergleichszahl stets benutzen, wenn man unter den gleichen Bedingungen mit einer geeigneten Pufferlösung mißt. Die Aufgabe dieser Schrift soll sein, den Leser mit der theoretischen Grundlage des pH-Wertes als negativen dekadischen Logarithmus der Wasserstoffionenaktivität und der Problematik der Messung dieser Größe vertraut zu machen, ihn einzuführen in die in den verschiedenen Zweigen der Naturwissenschaft und Technik sowie in der Medizin verwendeten Verfahren und Elektroden zur pH-Messung und ihm Hinweise zu geben, wie diese Meßergebnisse zu bewerten sind. Dabei wird besonderer Wert auf die Messungen in konzentrierten Elektrolytlösungen und organischen Medien gelegt, weil gerade hier eine Überbewertung der Messungen des pH-Wertes als Konzentrationsmaß für die Wasserstoffionen häufig stattfindet. Der Verfasser versucht anhand zahlreicher Literaturhinweise den Leser dieser einführenden Schrift über die in den verschiedensten Bereichen von Wissenschaft und Technik vorhandenen Meßeinrichtungen näher zu informieren und hofft so, daß sie zur realen Einschätzung des pH-Wertes als Meßgröße und zur richtigen Anwendung der Meßverfahren beiträgt.

Kurt Schwabe

Inhalt

1. Bedeutung der pH-Messung und der Aziditätsmaße

In jedem chemischen, biologischen und medizinischen Laboratorium wird heute der pH-Wert gemessen und in den verschiedensten Industrieanlagen, solchen der Erzaufbereitung und Metallurgie, der chemischen Industrie, der Energieerzeugungsanlagen, der Wasseraufbereitung und Abwasserkontrolle, der Zellstoff-, Papier-, Leder- und Lebensmittelindustrie registriert und vielfach auch geregelt. Er dient zur Messung der Azidität der Lösung, die durch Wasserstoffionen hervorgerufen wird. Er gibt den Säuregehalt an, sofern man unter einer Säure einen Stoff versteht, der nach Brönsted [1] Protonen liefert. Über den Gehalt an einer Lewis-Säure [1], d. h. einer Molekülart, die ein Elektronenpaar aufnimmt, liefert er keine Information. Wenn das zu untersuchende System eine wäßrige Lösung ist, gestattet der pH-Wert auch eine Aussage über den Basengehalt, die Basizität dieser Lösung, d. h. den Gehalt an Protonenakzeptoren im Sinne von Brönsted; denn solange das Ionenprodukt des Wassers konstant ist:

$$K_W = [H^+] \cdot [OH^-] \tag{1.1}$$

erhält man aus seinem bekannten Wert (s. Tab. 1) den Gehalt an Hydroxylionen, und sie entstehen aus dem Wasser durch Protonenabgabe an eine Base (B)

$$B + H_2O \rightleftharpoons BH^+ + OH^-. \tag{1.2}$$

Die Wasserstoffionen, darunter wollen wir hydratisierte Protonen verstehen und sie mit $H^{\cdot}$ bezeichnen, d. h.

$$H^+ + xH_2O \rightleftharpoons H^+(H_2O)_x \equiv H^{\cdot}, \tag{1.3}$$

sind an beinahe jeder chemischen oder biologischen Reaktion in wasserhaltigen Systemen als Reaktionspartner oder Katalysator beteiligt [2]; daher rührt die außerordentliche Bedeutung der pH-Messung.

Tabelle 1

Eigenschaften des Wassers

Temperatur ϑ (°C)	Dichte ($g\ cm^{-3}$)	spez. Volumen ($cm^3\ g^{-1}$)	Dielektrizitätskonstante	Ionenprodukt $K_W \cdot 10^{14}$	Dampfdruck (Torr)	(KPa)
0	0,99984	1,000160	88,2	0,1139	4,58	0,610
5	0,99996	1,000036	86,0	0,1846	6,54	0,872
10	0,99970	1,000300	84,1	0,2920	9,20	1,23
15	0,99910	1,000900	82,2	0,4505	12,78	1,704
20	0,99821	1,001797	80,4	0,6809	17,53	2,337
25	0,99705	1,002961	78,5	1,008	23,76	3,167
30	0,99565	1,004369	76,8	1,469	31,82	4,242
35	0,99404	1,00600	75,0	2,089	42,18	5,622
40	0,99222	1,00784	73,3	2,919	55,34	7,377
45	0,99022	1,00988	71,6	4,018	71,90	9,584
50	0,98804	1,01210	69,9	5,474	92,51	12,33
55	0,98569	1,01451	68,3	7,296	118,0	15,73
60	0,98320	1,01709	66,7	9,610	149,4	19,92
65	0,98055	1,01984	65,3	–	187,5	24,99
70	0,97776	1,02274	63,7	16,0	233,7	31,15
75	0,97484	1,02580	62,4	–	289,1	38,54
80	0,97179	1,02903	61,0	25,0	355,1	47,33
85	0,96861	1,03241	59,6	–	433,6	57,80
90	0,96530	1,03595	58,2	37,0	525,8	70,09
95	0,96189	1,03962	57,0	–	633,9	84,50
100	0,95835	1,04346	55,6	54,0	760,0	101,3
120				100	1489	198,5
140				160	2711	361,4
160				230	4636	618,0
180				310	7520	1002
200				380	11659	1554

2. Definition und physikalische Bedeutung des pH-Wertes

Da das Gleichgewicht (1.3) völlig auf der rechten Seite liegt, die Affinität des Protons zum Wasser beträgt etwa 1088 KJ ($\approx$ 260 Kcal [3]), die Protonenkonzentration in wäßrigen Lösungen ist daher etwa 10^{-200} Mol $\cdot\, l^{-1}$, also praktisch Null, kann nur die Zahl der Wasserstoffionen interessieren. Nach Sörensen [4] ist nun ursprünglich der pH-Wert der negative dekadische Logarithmus der Wasserstoffionenkonzentration $c_{H^\cdot}$ in Mol $\cdot\, l^{-1}$. Dabei ging er davon aus, daß diese Zahl der $H^\cdot$ der Spannung eines geeigneten elektrochemischen Systems U proportional ist: $U = K \cdot \mathrm{pH}$.

Bei der Definition

$$\mathrm{pH} = -\lg c_{H^\cdot} \tag{2.1}$$

ging Sörensen von der Arrheniusschen [9] Dissoziationstheorie aus, d. h. von der Annahme, daß die Ionen eines Elektrolyten, insbesondere einer Säure, soweit sie durch Dissoziation entstanden sind, keine Wechselwirkung aufeinander ausüben. Damit wurde angenommen, daß jedes Verfahren zur Bestimmung der $H^\cdot$ ihre Zahl bestimmt und jede Abweichung von der vorgegebenen Säurekonzentration auf deren unvollständiger Dissoziation beruht. Wenn also eine wäßrige Salzsäurelösung der Konzentration c_{HCl} den pH-Wert: $\mathrm{pH} > -\lg c_{HCl}$ ergab, so wurde das auf eine unvollständige Dissoziation zurückgeführt. Der Dissoziationsgrad α wäre damit nach

$$\mathrm{pH} = -\lg\,(c_{HCl} \cdot \alpha) \tag{2.2}$$

aus dem pH-Wert zu errechnen.

Inzwischen hat man aber längst erkannt, daß die Salzsäure, wie andere starke Säuren, starke Laugen und viele Salze, in wäßriger Lösung völlig in Ionen zerfallen ist, mindestens bei Konzentrationen < 1 Mol $\cdot\, l^{-1}$, daß sich aber andererseits entgegengesetzt geladene Ionen auch in verdünnter Lösung elektrostatisch erheblich beeinflussen. Würde die SÖRENSENsche Definition beibehalten werden, so ließe sich der so definierte pH-Wert nicht messen, weil nicht die wahre Ionenkonzentration, d. h. die Zahl der Ionen je Liter, sondern immer nur ein durch die interionische Wechselwirkung veränderter Wert, ihre Wirksamkeit oder Aktivität $a_{H^\cdot}$, zur Messung gelangt [5]. Sie ergibt sich aus der Konzentration durch Multiplikation mit dem Aktivitätskoeffizienten

$$a_{H^\cdot} = c_{H^\cdot} \cdot f_{H^\cdot}, \tag{2.3}$$

wobei $f_{H^\cdot}$ selbst eine Funktion der Konzentration, allgemein der Ionenstärke J der Lösung ist:

$$J = \frac{1}{2} \sum c_i z_i^2. \tag{2.4}$$

Die Ionenstärke ist also die halbe Summe der Konzentration c_i aller in Lösung vorhandenen Ionen multipliziert mit dem Quadrat ihrer Ladungszahl z_i.

LEWIS und RANDALL [6] haben zuerst den Begriff der Aktivität allgemein in die Thermodynamik eingeführt aus der Erkenntnis, daß in allen Mischphasen die thermodynamischen Gesetze nur für die wirklich wirksamen Massen (auch bei elektroneutralen Stoffen) Gültigkeit haben. Diese dürfen den analytischen Konzentrationen streng nur bei unendlicher Verdünnung gleichgesetzt werden, d. h. also, bei unendlicher Verdünnung wird $f = 1$.

Bei Lösungen starker Säuren oder Basen könnte der nach SÖRENSEN definierte pH-Wert, der nach einem Vorschlag von BATES [7] mit *pc*H bezeichnet wird, angegeben werden; er wäre wegen der vollständigen Dissoziation gleich dem negativen Logarithmus der analytischen Konzentration bzw. der Einwaage an Säure oder Base. Abgesehen davon, daß es mithin nur für eine ganz beschränkte Gruppe von Lösungen möglich wäre, diesen Wert anzugeben, ist diese Definition vor allem deswegen unbefriedigend, weil ja den Chemiker oder Physiologen gerade die aktive Konzentration des Wasserstoffions, seine Aktivität, interessiert, denn nur sie geht in alle thermodynamischen und kinetischen Gesetze ein. Aus diesen Gründen erscheint nur die Definition

$$\mathrm{pH} \equiv -\lg a_{\mathrm{H}^{\cdot}} = -\lg (c_{\mathrm{H}^{\cdot}} f_{\mathrm{H}^{\cdot}}) \tag{2.5}$$

sinnvoll. Sie wurde daher von SÖRENSEN und LINDERSTRÖM-LANG [8] 1924 vorgeschlagen und neuerdings oft mit *pa*H bezeichnet (s. BATES, l. c.). Natürlich muß man auch verlangen, daß der so definierte Wert ohne weiteres durch Messung bestimmt werden kann. Hier ergibt sich aber eine grundsätzliche Schwierigkeit, die bis heute noch nicht überwunden ist und auf die, weil sie auch für die Genauigkeit der pH-Messung bzw. für die physikalisch-chemische Bedeutung genauer Angaben ausschlaggebend ist, etwas näher eingegangen werden muß.

Die nach Gl. (2.5) definierte Größe kann als Aktivität eines Einzelions (individuelle Aktivität) nicht exakt bestimmt werden, weil es prinzipiell kein thermodynamisch einwandfreies Meßverfahren dafür gibt; denn wegen der Elektroneutralität jedes Elektrolyten muß ein entgegengesetzt geladenes Ion in äquivalenter Konzentration vorhanden sein. Die Wechselwirkung mit den Anionen oder bei einer beliebigen Ionenstärke mit allen anderen Ionen kann also nicht ausgeschaltet werden. Nur bei unendlicher Verdünnung, die dem idealen Gaszustand entspricht, aber praktisch nicht auftritt, verschwindet sie, und der Aktivitätskoeffizient wird 1. Damit wird $c_{\mathrm{H}^{\cdot}} = a_{\mathrm{H}^{\cdot}}$, und nur in diesem Fall wären *pc*H und *pa*H identisch.

Dagegen kann man mit thermodynamischen Methoden, z. B. durch Messung der Spannung von Ketten ohne Überführung, etwa vom Typ

$$\mathrm{H_2(Pt)/HCl,\ H_2O,\ AgCl}(s)\mathrm{/Ag} \tag{2.a}$$

die mittlere Aktivität genau bestimmen. Sie ist für einen Elektrolyten mit ν_+ Kationen und ν_- Anionen definiert durch

$$a_{\pm} \equiv \sqrt[\nu]{a_+^{\nu_+} \cdot a_-^{\nu_-}} \text{ mit } \nu = \nu_+ + \nu_- . \tag{2.6}$$

Tabelle 2

Aziditätsmaße

Symbol	Definition	Beziehung zu paH	Meßverfahren	Autor
paH	$paH \equiv -\lg a_{H^{\cdot}}$	$paH_{(m)} = -\lg m_{H^{\cdot}} f_{H^{\cdot}(m)}$ $paH_{(c)} = -\lg c_{H^{\cdot}} f_{H^{\cdot}(c)}$	$(Pt)H_2/HA,\ MeA_{(s)}/Me(1)$ $paH = \frac{U - U^0}{2F_N}$ für $m_{H^{\cdot}} = m_{A'}$ und $J < 0{,}01$	R. G. BATES[1])
pH_{konv} allgemein pH	$pH_{konv} \equiv -\lg a_{H^{\cdot}} + \varepsilon_d$	$pH_{konv} = pH_s - \frac{U_s - U}{F_N}$ pH_s = pH-Wert eines Puffers. Wenn $pH_s = paH_s$ und ε_d der Kette (2) im Puffer und in der Meßlösung denselben Wert hat, wird $pH_{konv} = paH$	$\underbrace{(Pt)H_2}_{I\text{-}E}/HX//\overset{\varepsilon_d}{}KCl,\ \underbrace{MeCl_{(s)}/\dot{M}e(2)}_{B\text{-}E}$ Indikatorelektrode (I-E) kann jede $H^{\cdot}$-indizierende Elektrode, (B-E) jede beliebige Bezugselektrode sein [1]) $pH = pH_s - \frac{U_s - U}{F_N}$	S. P. L. SÖRENSEN[2])
pcH „SÖRENSEN pH“	$pcH \equiv -\lg c_{H^{\cdot}}$ ($pmH \equiv -\lg m_{H^{\cdot}}$)	$pcH = paH + \lg f_{H^{\cdot}(c)}$	ist nicht direkt meßbar; für $J = 0$ gilt: $pcH = paH$	S. P. L. SÖRENSEN, R. G. BATES[3])

*pt*H	$pt\mathrm{H} \equiv -\lg m_{\mathrm{H}^{\cdot}} f_{\pm(m)}$ $[pt\mathrm{H}_{(c)} \equiv -\lg c_{\mathrm{H}^{\cdot}} f_{\pm(c)}]$	$pt\mathrm{H} = \frac{1}{2}\, pa\mathrm{H} - \frac{1}{2} \lg m_{\mathrm{H}^{\cdot}} f_{A'}$ $pt\mathrm{H} = pa\mathrm{H} + \lg \frac{f_{\mathrm{H}^{\cdot}}}{f_{\pm(m)}}$ $m \to 0, \lg \frac{f_{\mathrm{H}^{\cdot}}}{f_{\pm(m)}} = 0$	Messung mit Kette (1) (*I-E*) und (*B-E*) variabel, wenn *A'*, für (*B-E*) potentialbestimmend, in der Meßlösung vorhanden $pt\mathrm{H} = \frac{U - U^0}{2F_N}$	D. A. MACINNES[4])
*pw*H	$pw\mathrm{H} \equiv -\lg (m_{\mathrm{H}^{\cdot}} f_{\mathrm{H}^{\cdot}} f_{A'})$	$pw\mathrm{H} = pa\mathrm{H} - \lg f_{A'}$ für $I \to 0 \quad \lg f_{A'} = 0$ $[\mathrm{pH}_{(s)} = (pw\mathrm{H})^0 + \lg f_{\mathrm{Cl}'}]$	Messung mit Kette (1) und wenn $m_{A'}$ bekannt $pw\mathrm{H} = \frac{U - U_0}{F_N} + \lg m_{A'}$ $\mathrm{pH}_{(s)} = (p_w\mathrm{H})^0 - \frac{A\sqrt{I}}{1 + 1{,}5\sqrt{I}}$	E. A. GUGGENHEIM, D. J. HITCHCOCK[5])
pH_v	$\mathrm{pH}_v \equiv -\lg m_{\mathrm{H}^{\cdot}} \frac{f^2_{\pm(\mathrm{HCl})}}{f_{\pm(\mathrm{KCl})}}$	Für $f_{\mathrm{K}^{\cdot}} = f_{\mathrm{Cl}'} = f_{\pm(\mathrm{KCl})}$ in (*B-E*) und Meßlösung wird $\mathrm{pH}_v = pa\mathrm{H}$	Messung mit Kette vom Typ (2) $\mathrm{pH}_v = \mathrm{pH}_s - \frac{U_s - U}{F_N}$	M. S. VALENSI, G. MARONNI[6])
pH_p	$\mathrm{pH}_p \equiv \mathrm{pH}_{\mathrm{konv}} - \frac{1}{2} \lg \frac{55{,}6}{c_{\mathrm{H_2O}}}$	$\mathrm{pH}_p = pa\mathrm{H} + \varepsilon_d - \frac{1}{2} \lg \frac{55{,}6}{c_{\mathrm{H_2O}}}$	Messung mit Kette vom Typ (2) in organischen Lösungsmitteln $\mathrm{pH}_p = \mathrm{pH}_s - \frac{U_s - U}{F_N} - \frac{1}{2} \lg \frac{55{,}6}{c_{\mathrm{H_2O}}} + \varepsilon_d$	A. LEVASSEUR[7])

Tabelle 2 (Fortsetzung)

Symbol	Definition	Beziehung zu paH	Meßverfahren	Autor
N_h	$N_h \equiv \lg \frac{a_{H}}{a_{HW}}$ $a_{HW} = 10^{-7}$	$N_h = 7 - pa\mathrm{H}$	nicht direkt meßbar für $J \to 0$ aus $\mathrm{pH} \to pa\mathrm{H}$	D. GIRIBALDO, I. GERSTLE[8])
H_0	$\mathrm{H}_0 \equiv -\lg m_{\mathrm{H}^\cdot} \frac{f_{\mathrm{H}^\cdot} f_B}{f_{B\mathrm{H}^\cdot}}$	$\mathrm{H}_0 = pa\mathrm{H} - \lg \frac{f_B}{f_{B\mathrm{H}^\cdot}}$ $\mathrm{H}_0 = pK + \lg \frac{m_B}{m_{B\mathrm{H}^\cdot}}$	Im Gleichgewicht $B + \mathrm{H}^\cdot \rightleftharpoons B\mathrm{H}^\cdot$ mit $pK = -\lg K$ werden m_B und $m_{B\mathrm{H}^\cdot}$ spektralphotometrisch bestimmt	HAMMETT[9])
pH_r	$\mathrm{pH}_r \equiv -\lg k_r$ k_r = Geschwindigkeitskonstante	$\mathrm{pH}_r = pa\mathrm{H} - \lg k_r^0$ k_r^0 ist k_r für $a_{\mathrm{H}^\cdot} = 1$	Die Geschwindigkeitskonstante einer $\mathrm{H}^\cdot$-katalysierten Reaktion k_r wird bestimmt; sie sollte proportional $a_{\mathrm{H}^\cdot}$ sein	W. OSTWALD[10])

1) R. G. BATES: Chem. Reviews **42** (1948), 1
2) S. P. L. SÖRENSEN: Biochem. Z. **21** (1909), 131, 201
3) R. G. BATES: „*Determination of pH*", S. 20, New York 1964
4) D. A. MAC INNES u. Mitarb.: J. Amer. chem. Soc. **60** (1938), 1094
5) E. A. GUGGENHEIM: J. physic. Chem. **34** (1930), 1758; D. J. HITCHCOCK: J. Amer. chem. Soc. **58** (1936), 855; **59** (1937), 2753
6) G. VALENSI: Corrosion et Anticorrosion **7** (1959), 158, 253; G. MARONNI: Electrochim. Acta **2** (1960), 326
7) A. LEVASSEUR: C. R. hebd. Séances Acad. Sci. **228** (1949), 1648; Rev. gén. Sci. pures appl. **101**, 5/6 (1949)
8) O. GIRIBALDO: An. Fac. Quim. y Farmac. 2, Montevideo 1938; J. GERSTLE: Trans. electrochem. Soc. **73** (1938), 183
9) L. P. HAMMETT: J. Amer. chem. Soc. **54** (1932), 2721, 4239
10) W. OSTWALD: J. prakt. Phys. (2) **31** (1885), 307

Wegen der Elektroneutralität muß für die Ladungszahlen z_+ bzw. z_- gelten

$$z_+ \cdot \nu_+ = z_- \cdot \nu_- = n_e.$$

(n_e — elektrochemische Wertigkeit des Elektrolyten)

Analog sind die mittlere Konzentration $c_\pm$ (Mol · l^{-1}) bzw. $m_\pm$ (Mol · kg^{-1}) und die mittleren Aktivitätskoeffizienten $f_{\pm(c)}$ bzw. $f_{\pm(m)}$ definiert:

$$c_\pm = \sqrt[\nu]{c_+^{\nu_+} \cdot c_-^{\nu_-}}; \quad m_\pm = \sqrt[\nu]{m_+^{\nu_+} \cdot m_-^{\nu_-}}$$

$$f_{\pm(c)} = \sqrt[\nu]{f_{+(c)}^{\nu_+} \cdot f_{-(c)}^{\nu_-}}; \quad f_{\pm(m)} = \sqrt[\nu]{f_{+(m)}^{\nu_+} \cdot f_{-(m)}^{\nu_-}}.$$

Damit wird

$$a_{\pm(c)} = c_\pm \cdot f_{\pm(c)}; \quad a_{\pm(m)} = m_\pm \cdot f_{\pm(m)}. \qquad (2.7)$$

Bei einfachen binären Elektrolyten wie Säuren vom Typ H*A* ist $c_\pm = c$ bzw. $m_\pm = m$. Die Aktivitätskoeffizienten bezogen auf Molarität (c) bzw. Molalität (m) werden bei niedrigen Konzentrationen gleich, lassen sich aber bei höheren Konzentrationen ineinander umrechnen [9].

Natürlich kann man neue Definitionen einführen, die die Wasserstoffionenaktivität enthalten, thermodynamisch einwandfrei meßbar, aber nicht mit ihr identisch sind, weil sie stets mindestens den Aktivitätskoeffizienten des Gegenions enthalten.

In Tab. 2 sind die wichtigsten Aziditätsmaße zusammengestellt, die auf der Grundlage der Brönstedschen Säuredefinition vorgeschlagen worden sind. Gleichzeitig ist das Prinzip des dafür verwendeten Meßverfahrens angegeben. Neben den potentiometrischen Methoden, die in der Praxis vorwiegend eingesetzt werden, sind auch spektralphotometrische bzw. kolorimetrische und katalytische Aziditätsmaße angegeben; keines von ihnen stellt ein exaktes Maß der Wasserstoffionenaktivität dar. Außerdem sind deshalb die aus der Definition resultierenden Beziehungen zu dem eigentlich gewünschten Aziditätsmaß, das wirklich die Wasserstoffionenaktivität liefern sollte, *pa*H $\equiv$ $-\lg a_{H^\cdot}$, mit aufgeführt. Die meisten in Tab. 2 aufgeführten Größen werden potentiometrisch, d. h. durch Messung der Spannung eines galvanischen Elementes (Galvanispannung U) bestimmt. Dabei besteht das galvanische Element aus zwei Elektroden, von denen eine ihr Potential proportional $\lg a_{H^\cdot}$ ändert. Alle praktischen potentiometrischen pH-Messungen werden mit Ketten vom Typ 2 (s. Tab. 2, Spalte 2) durchgeführt. Dabei grenzt an die Meßlösung bzw. Vergleichslösung mit der $a_{H^\cdot}$-indizierenden Elektrode eine zweite Lösung, die die Bezugselektrode enthält. Bei solchen Ketten mit Überführung tritt an der Grenze zwischen beiden Lösungen ein Diffusionspotential ε_d auf, das von den Ionenarten und der Ionenstärke in den beiden Lösungen abhängig ist und nicht direkt gemessen werden kann.

Der konventionelle pH-Wert, der für die praktische pH-Messung die größte Bedeutung hat, wird also durch Vergleich der Spannungen gemessen, die einmal das galvanische Element zeigt, wenn die Indikatorelektrode in eine Lösung bekannten pH-Wertes taucht, mit der Spannung, die dasselbe Element zeigt, wenn die Indikatorelektrode in die zu messende Lösung taucht. Die Vergleichslösung soll einen möglichst konstanten pH-Wert haben, der unabhängig von geringen Säuremengen, z. B. CO_2 aus der Luft, der Alkaliabgabe des Glases und der Verdünnung mit Wasser ist. Deshalb verwendet man zum Vergleich Pufferlösungen, das sind Lösungen schwacher Säuren bzw. Basen, die gleichzeitig ihre Salze enthalten. Sie sind gegen die genannten Einflüsse am unempfindlichsten; ihre „Pufferkapazität" ist am größten, wenn Säure bzw. Base und Salz in gleicher Konzentration vorliegen.

Bei diesem Vergleich der Spannungen von Ketten mit Überführung sind die Diffusionspotentiale von der Ionenstärke und dem pH der Pufferlösung einerseits und denselben Größen in der Meßlösung andererseits auch bei Verwendung der gleichen Bezugselektrode abhängig.

Selbst wenn man in der Vergleichslösung den *pa*H-

Wert durch Anwendung genügend niedriger Ionenstärken bestimmt hat (s. S. 89), kann man bei Verwendung von Ketten mit Überführung den *pa*H-Wert der Meßlösung durch Vergleich nicht exakt bestimmen, weil ε_d bei der Vergleichslösung und der Meßlösung verschieden sind, vor allem wenn sie sich in $a_{H^{\cdot}}$ und der Ionenstärke erheblich unterscheiden.

Der von GUGGENHEIM [10] und HITCHCOCK [11] vorgeschlagene *pw*H-Wert hat zur Standardisierung von Pufferlösungen Bedeutung (s. S. 88). Er unterscheidet sich vom *pa*H-Wert um $\lg f_{A'}$ (z. B. $\lg f_{Cl'}$ s. Tab. 2), ist aber auch aus folgenden Gründen nicht zur pH-Messung geeignet:

a) Wenn die zu untersuchende Lösung nicht von vornherein eine definierte Cl'-Konzentration hat, so wird durch nachträglichen Zusatz $f_{\pm}$ und damit *pw*H in unkontrollierbarer Weise verschoben, *pw*H stellt keinen für die ursprüngliche Lösung verbindlichen Wert dar.

b) In Pufferlösungen, d. h. in Mischungen von Lösungen schwacher Säuren und ihrer Salze, die ja gerade für die pH-Meßtechnik von besonderer Bedeutung sind, weichen *pw*H und der grundsätzlich wichtigere *pa*H-Wert stark voneinander ab. Der *pw*H-Wert ist bei dem Verhältnis $\frac{m_{\text{Säure}}}{m_{\text{Salz}}} = 1$, d. h. dem Verhältnis maximaler Pufferkapazität, unabhängig von der Konzentration gleich dem *pK*-Wert, also gleich dem negativen dekadischen Logarithmus der Dissoziationskonstanten der betreffenden Puffersäure, während sich *pa*H mit der Konzentration stark ändert. BATES [7] hat z. B. gezeigt, daß sich *pw*H und *pa*H bei einer Lösung, die 0,1 M an Natriumazetat und Essigsäure ist, um 0,15 Einheiten unterscheiden (*pw*H = 4,76; *pa*H = 4,61). Der *pw*H-Wert ist also kein allgemein anwendbarer und immer richtiger Maßstab für die gesuchte Aktivität der Wasserstoffionen in einer beliebigen Lösung.

Man kann in Pufferlösungen bei genügend kleinen

Ionenstärken $\lg f_{A'}$ aus einer erweiterten DEBYE-HÜCKEL-Gleichung berechnen und erhält dann nach Extrapolation für solche Pufferlösungen $pa\text{H} \equiv \text{pH}(S)$ (s. S. 88).

Der pH_p-Wert (s. Tab. 2) ist vor allem für Aziditätsmessungen in Gemischen von Wasser mit organischen Lösungsmitteln gedacht, hat sich aber ebensowenig eingebürgert, wie der pwH-Wert. Auf die besondere Problematik der Aziditätsmessungen in organischen und wasserfreien Medien wird in Kap. 3.4. eingegangen. Der N_h-Wert vergleicht die Wasserstoffionenaktivität mit der des reinen Wassers $a_{\text{H}W}$ (bei 25°C) und hat den Vorteil, daß er mit Zunahme von $a_{\text{H}^\cdot}$ gegenüber $a_{\text{H}W}$ ansteigt, er unterliegt natürlich auch der Einschränkung, daß $a_{\text{H}^\cdot}$ im allgemeinen nicht genau bestimmt werden kann.

Wie man aus dem Vergleich von H_0 mit paH sieht, werden beide Größen nur identisch, wenn das Verhältnis der Aktivitätskoeffizienten von Indikatorsäure und -base eins ist, das wird auch bei kleinen Ionenstärken nicht zutreffen, wenn das eine Teilchen ein Molekül, das andere ein Ion ist. Während neben den potentiometrischen Methoden die spektralphotometrische Aziditätsmessung (HAMMETT-Funktion) (s. Tab. 2) noch viel verwendet wird, hat die katalytische Messung (pH_r) nur noch historische Bedeutung, obwohl ein linearer Zusammenhang zwischen Meßgröße K_r und $c_{\text{H}^\cdot}$ bzw. $a_{\text{H}^\cdot}$ besteht.

Da die Wasserstoffionenaktivität unter praktischen Bedingungen, d. h. bei unbekannter Ionenstärke und Ionenart, nicht exakt bestimmt werden kann, stellt der gemessene pH-Wert oder auch die HAMMETT-Funktion ein Aziditätsmaß dar, dessen Wert vom Meßverfahren abhängt und dem keine eindeutige physikalische Bedeutung zugeordnet werden kann. Da als Bezugszustand die fiktive wäßrige Lösung mit $c_{\text{H}^\cdot}$ bzw. $m_{\text{H}^\cdot} = 1$ gewählt wurde, die sich wie eine ideal verdünnte Lösung verhält, d. h. $f_{\text{H}^\cdot} = 1$, und die Galvanispannung der Wasserstoffelektrode in einer solchen Lösung durch Konvention bei jeder Temperatur gleich Null gesetzt wird, kann man den pH-Wert im Prinzip, auch wenn $\text{pH} = -\lg a_{\text{H}^\cdot}$, nicht von einer Temperatur auf die andere umrechnen (s. S. 94). Ebensowenig läßt sich ein in einem nichtwäßrigen Medium gemessener pH-Wert ohne weiteres mit dem einer wäßrigen Lösung vergleichen, da ja der Bezugszustand die ideale wäßrige Lösung ist. Streng genommen braucht man für jede Temperatur und jedes Lösungsmittel eine besondere pH-Skala. Wenn man nicht theoretische Fragen untersucht und keine extrem hohe Präzision anstrebt, kann man aber die pH-Messung mit einem bestimmten Meßverfahren mit gutem Erfolg zum Aziditätsvergleich verwenden.

3. Methoden zur Bestimmung des pH-Wertes

Die Bestimmung des pH-Wertes erfolgt heute in den meisten Laboratorien potentiometrisch, vor allem seine Registrierung und Regelung in der Industrie. Gegenüber den früher viel verwendeten kolorimetrischen Methoden ist die potentiometrische pH-Messung unabhängig von der Färbung oder Trübung der Meßlösung. Nachdem die Glaselektroden auch für extreme Temperatur- und Druckbedingungen entwickelt worden sind, werden sie heute wegen ihrer Unempfindlichkeit gegen alle reduzierenden oder oxydierenden Stoffe und ihrer Einsatzfähigkeit im pH-Meßbereich von 0 bis 14 fast ausschließlich verwendet. Der pH-Messung mit der Glaselektrode wird daher der Hauptteil dieses Beitrages gewidmet sein. Im Hinblick auf die Bedeutung der Wasserstoffionen als Katalysator für viele anorganische, organische und biologische Reaktionen in Lösung und aus historischen Gründen soll ganz kurz auf die katalytischen Methoden zur Bestimmung der Wasserstoffionen eingegangen werden.

3.1. Katalytische Methoden

Eine große Zahl von organischen Reaktionen, deren Umsetzungsgeschwindigkeit aus der zeitlichen Konzentrationsänderung eines Reaktionspartners leicht bestimmt werden kann, wird durch Wasserstoffionen in der Weise beschleunigt, daß die Reaktionsgeschwindigkeit proportional ihrer Konzentration bzw. Aktivität wächst. Die ersten Messungen dieser Art stammen von Ostwald und Arrhenius [12]. Es wurden vor allem Reaktionsgeschwindigkeiten zweier Reaktionen gemessen, der Inversion des Rohrzuckers in Glukose und Fruktose, wobei sich die Umsetzung leicht durch optische Polarisationsmessungen verfolgen ließ

$$C_{12}H_{22}O_{11} + H_2O \rightleftharpoons \underset{\text{Glukose}}{C_6H_{12}O_6} + \underset{\text{Fruktose}}{C_6H_{12}O_6}, \qquad (3.1\,a)$$

und der Zersetzung des Diazoessigesters nach

$$N_2{=}CHCO_2C_2H_5 + H_2O \rightleftharpoons N_2 + HO{-}CH_2{-}CO_2C_2H_5, \qquad (3.1\,b)$$

deren Verlauf durch das entwickelte Stickstoffvolumen zu messen war [13]. Beide Reaktionen lassen sich in verdünnter wäßriger Lösung als Reaktionen 1. Ordnung behandeln ($c_{H_2O} = \text{const}$), d. h., wenn die Anfangskonzentration des reagierenden Stoffes (Rohrzucker bzw. Ester) a ist und nach t Sekunden x Mol umgesetzt sind, so muß der Ausdruck

$$\frac{l}{t} \ln \frac{a}{a-x} = \frac{1}{0{,}4343 \cdot t} \lg \frac{a}{a-x} = k \qquad (3.1.1)$$

eine Konstante sein. Diese Geschwindigkeitskonstante k ergibt sich also, wenn man x zu verschiedenen Zeiten t bei konstanter Temperatur bestimmt. Von dieser Geschwindigkeitskonstanten wurde nun angenommen, daß sie unabhängig von der Art der übrigen Ionen proportional der Wasserstoffionenkonzentration sei (der Begriff der Aktivität existierte noch nicht):

$$k = k_{H^\cdot} \cdot c_{H^\cdot}. \qquad (3.1.2)$$

Der Proportionalitätsfaktor war durch Messung in einer Lösung bekannter Wasserstoffionenkonzentration leicht zu bestimmen.

Die Bestimmung der Geschwindigkeitskonstanten ist umständlich, zeitraubend und läßt sich nicht automatisieren. Daher sind diese Verfahren vollkommen verlassen worden. Man darf aber nicht übersehen, daß bei strenger und eindeutiger Proportionalität zwischen k und $c_{H^{\cdot}}$ bzw. $a_{H^{\cdot}}$ ein solches Verfahren viel genauer als die normale elektrometrische pH-Messung ist, denn die Geschwindigkeitskonstante der beiden Reaktionen wird sich leicht auf 1% genau bestimmen lassen; dann ist unter obiger Voraussetzung der Fehler in $c_{H^{\cdot}}$ von der gleichen Größe. Ein Fehler von 0,05 im elektrometrisch gemessenen pH-Wert, der, wie wir gesehen haben, als normal anzusprechen ist, verursacht aber eine Abweichung in $a_{H^{\cdot}}$ von 11%. Dabei wird aber einmal vorausgesetzt, daß nur $H^{\cdot}$ die betreffende Reaktion nach Gl. (3.1.2) beschleunigen, und zum anderen, daß die Geschwindigkeitskonstante proportional ihrer Zahl (d. h. ihrer Konzentration) zunimmt. Tatsächlich werden die meisten Reaktionen nicht nur durch $H^{\cdot}$, sondern auch durch Protonendonatoren wie CH_3COOH, H_2O oder $NH_4^{\cdot}$ beschleunigt, d. h. BRÖNSTEDsche Säuren wirken katalytisch [14]. Andererseits konnte gezeigt werden, daß bei konstanter Wasserstoffionenkonzentration die Zersetzung des Diazoessigesters durch Zusatz von Salzen stark beschleunigt werden kann und daß der Logarithmus der Geschwindigkeitskonstanten der Abnahme des konventionellen pH-Wertes proportional ist [15], d. h. also, daß sie nicht proportional der Konzentration, sondern der Aktivität der $H^{\cdot}$ ist. Allerdings treten bei sehr hohen Ionenstärken und verschiedenen Anionen auch störende Nebenreaktionen auf. Eine praktisch einsatzfähige Methode zur Bestimmung der Wasserstoffionenaktivität ist die Katalyse der Diazoessigesterzersetzung oder anderer Reaktionen sicher nicht, aber sie macht wahrscheinlich, daß die potentiometrische Bestimmung des konventionellen pH-Wertes ein brauchbares Maß für $a_{H^{\cdot}}$ auch bei hohen Ionenstärken ist (s. S. 134).

3.2. *Kolorimetrische und spektralphotometrische Methoden*

Etliche Jahre ist die Bestimmung des pH-Wertes im Laboratorium kolorimetrisch durchgeführt worden. Im Prinzip kann man damit dieselbe Genauigkeit erreichen wie bei den potentiometrischen Meßverfahren, wenn die Lösungen nicht gefärbt sind und keine zu geringe Pufferkapazität (s. S. 86) haben. Nachdem aber die Glaselektrode als universell einsetzbare Elektrode für die Indikation der Wasserstoffionen und direkt den pH-Wert anzeigende Potentiometer zur Verfügung standen, hat sich die elektrometrische pH-Messung überall durchgesetzt, die pH-Registrierung und -Regelung wird wohl ausschließlich mit pH-Elektroden durchgeführt.

Farbige organische Verbindungen mit Säure- oder Basencharakter, d. h. Protonendonatoren oder -akzeptoren (Farbindikatoren) verändern den Anteil an Base oder Säure mit dem pH-Wert entsprechend dem Gleichgewicht

$$B\mathrm{H} \rightleftharpoons B' + \mathrm{H}^{\cdot}, \qquad (3.2\mathrm{a})$$

wobei BH die Indikatorsäure, B' die Indikatorbase ist, z. B. 2.4-Dinitrophenol

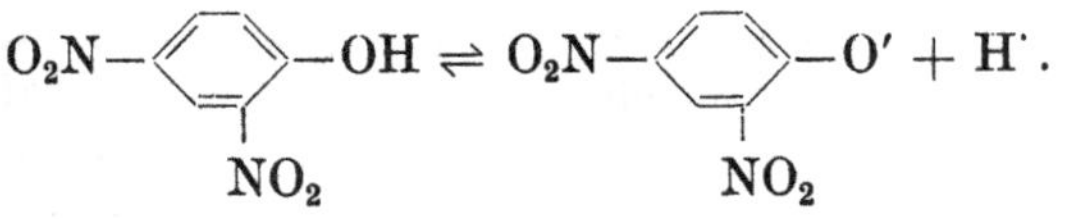

(3.2b)

Andererseits kann natürlich auch ein Neutralmolekül B, z. B. ein Amin, unter Aufnahme von H˙ in eine Indikatorsäure übergehen

$$B + \mathrm{H}^{\cdot} \rightleftharpoons B\mathrm{H}^{\cdot}. \qquad (3.2\mathrm{c})$$

Unter Abspaltung bzw. Anlagerung eines Wasserstoffions verändert sich die Lichtabsorption des Moleküls, und wenn die Extinktionskoeffizienten genügend verschieden sind, ändert sich mit dem pH-Wert die Farbe so, daß man aus der Lichtabsorption der Lösung den pH-Wert bestimmen kann. Im einfachsten Fall geschieht dies durch visuellen Vergleich der mit dem Farbindikator versetzten Lösung mit Pufferlösungen (s. S. 91) bekannten pH-Wertes (in gleichen Gefäßen, z. B. Reagenzgläsern), denen man die gleiche Menge Indikator in einem gleichen Gefäß, z. B. in einem Reagenzglas, zusetzt. Durch Vergleich mit einer Reihe von Pufferlösungen, die bekannte abgestufte pH-Werte haben, kann man den pH-Wert der zu messenden Lösung evtl. durch Interpolation zwischen zwei Pufferlösungen mit ähnlicher Farbe finden. Eine geringe Eigenfärbung der Meßlösung kann man nach einem Vorschlag von Walpole [16] kompensieren, indem hinter die Vergleichslösung ein Gefäß mit der Meßlösung ohne Indikator, hinter diese Meßlösung ein Gefäß mit Wasser gestellt wird. Bei Verwendung von Farbindikatoren ist aber generell zu beachten, daß sie ja selbst Säuren oder Basen sind und daher den pH-Wert von Lösungen niedriger Konzentration und geringer Pufferkapazität (s. S. 86), z. B. natürlicher Wässer, beträchtlich verschieben können. Bei diesem einfachen Verfahren ist es im Prinzip gleichgültig, ob man Indikatoren verwendet, bei denen sowohl ihre basische wie die saure Form (d. h. B' und BH in Gl. (3.2a)) gefärbt ist oder nur eine von beiden. Bei einfarbigen Indikatoren kann man nach Michaelis [17] den Vergleich auch mit Indikatorlösungen verschiedener Verdünnung durchführen. Da diese Verfahren kaum noch angewendet werden, weil sie relativ zeitaufwendig und zum Teil auch nicht frei vom subjektiven Eindruck der Farbgleichheit sind, soll hier nicht näher darauf eingegangen, sondern auf entsprechende Literatur über diese Methoden verwiesen werden [18].

Da nach dem Lambert-Beerschen Gesetz die Lichtabsorption der durchstrahlten Schichtdicke proportional ist, kann man die einer Vergleichslösung bekannten pH-Wertes (mit gleicher Indikatorkonzentration) so lange verändern, bis der gleiche Farbeindruck entsteht, dann erhält man aus dem Schichtdickenverhältnis und dem pH-Wert der Vergleichslösung den der zu messenden

Tabelle 3

Einige gebräuchliche Indikatoren mit Farbumschlag, pH-Bereich und Halbstufenwert

Indikator	pH-Werte 1 2 3 4 5 6 7 8 9 10 11 12 13
1. Metanilgelb extra	rot — 1,5 — gelb
2. Thymolblau	rot — 1,5 — gelb
3. Tropäolin 00	rosa — 1,5 — gelb
4. Benzolsulfonsäureazobenzylanilin	rot — 1,6 — gelb
5. Dimethylgelb	rot — 2,8 — gelb
6. Bromchlorphenol	gelb — 3,2 — purpur
7. Methylorange	rot — 3,4 — gelb
8. Bromkresolgrün	gelb — 4,7 — blau
9. Methylrot	rot — 4,9 — gelb
10. Chlorphenolrot	gelb — 6,0 — rot
11. Bromkresolpurpur	gelb — 6,1 — purpur
12. Bromthymolblau	gelb — 7,1 — blau

13. Neutralrot	rot $\overset{7,4}{\text{———}}$ gelb
14. Phenolrot	gelb $\overset{7,7}{\text{———}}$ rot
15. Kresolrot	gelb $\overset{8,1}{\text{———}}$ rot
16. Thymolblau	gelb $\overset{8,9}{\text{———}}$ blau
17. Phenolphthalein	farblos $\overset{9,5}{\text{———}}$ rot
18. Thymolphthalein	farblos $\overset{9,8}{\text{———}}$ blau
19. Alizaringelb R	gelb $\overset{10,9}{\text{———}}$ rot
20. β-Naphtholviolett	orange $\overset{10,7}{\text{———}}$ violett
21. Benzaldehyd-p-phenylhydrazon	gelb $\overset{11,5}{\text{———}}$ rot
22. Tropäolin 0	gelb $\overset{12,1}{\text{———}}$ orange

Lösung [19]. Die Verwendung von Indikatorpapier oder -folie beruht auf dem gleichen Prinzip eines Farbvergleiches. Dabei können aber zusätzlich zu den erwähnten pH-Verschiebungen durch den Indikator Fehler auftreten, die Abweichungen vom wahren pH-Wert bis zu ± 2 Einheiten hervorrufen können [20]. Einerseits hat das Papier oder die Folie einen eigenen pH-Wert, der, wenn er von dem der zu messenden Flüssigkeit erheblich abweicht und sie wenig gepuffert ist, ihren pH-Wert erheblich verschieben kann, zumal die Wasserstoffionen der Meßlösung erst durch Diffusion in die Folie gelangen; andererseits ist die Farbstoffkonzentration meist geringer als die der Vergleichsskala zugrunde liegende, weil ein Teil des Farbstoffes aus der Folie in die Lösung diffundiert. Schließlich ist in den Folien usw. das Verhältnis Indikator—Lösung sehr groß, so daß der Indikator selbst den pH-Wert ungepufferter Lösungen stark beeinflussen kann. Es empfiehlt sich daher, die Folie, *während* sie in die Meßlösung taucht, mit der Skala zu vergleichen [20]. Auch unter günstigen Bedingungen wird man mit diesem Verfahren keine größere Genauigkeit als $\pm 0{,}2$ pH erreichen können. pH-Indikatoren für verschiedene pH-Bereiche sind in Tab. 3 angegeben.

Bei der kolorimetrischen pH-Messung, d. h. bei einem Farbvergleich mit demselben Indikator, mißt man bei gleicher spektraler Zusammensetzung der beiden Lichtbündel, die Meß- und Vergleichslösung durchstrahlen, und ist daher von deren Veränderung unabhängig. Bei der spektralphotometrischen Messung wird die Schwächung des einen die Meßlösung durchstoßenden Strahles auf verschiedene Weise gemessen. Wegen der Abhängigkeit der Extinktion von der spektralen Zusammensetzung des Lichtes muß man bei spektralphotometrischen Messungen mit streng monochromatischem Licht arbeiten, um dieselbe Meßgenauigkeit wie bei kolorimetrischen Verfahren zu erreichen [21]. Damit wird der experimentelle Aufwand erheblich größer, man kann aber die Meßwerte registrieren und die Messung automatisieren.

Die spektralphotometrische pH-Messung beruht auf der Bestimmung des Verhältnisses: Indikatorsäure zu Indikatorbase. Wenn wir das Indikatorgleichgewicht (3.2a) betrachten, dann gilt

$$K_{BH} = \frac{a_{B'} a_{H^\cdot}}{a_{BH}},$$

oder mit $-\lg K_{BH} \equiv pK$, dem Dissoziationsgrad α von BH und $a_{B'} = c_{B'} \cdot f_{B'}$ bzw. $a_{BH} = c_{BH} \cdot f_{BH}$

$$paH = pK_{BH} + \lg \frac{\alpha}{1-\alpha} + \lg \frac{f_{B'}}{f_{BH}}, \qquad (3.2.1)$$

da $a_{B'} = \alpha \cdot c_{B'} \cdot f_{B'}$ und $a_{BH} = (1-\alpha)\, c_{BH} \cdot f_{BH}$ sind.

Vorausgesetzt, daß $f_{B'} = f_{BH}$ ist, was bei genügend großer Verdünnung angenommen werden kann, ergibt sich für den spektralphotometrisch gemessenen pH-Wert (pH_{sp})

$$pH_{sp} = pK_{BH} + \lg \frac{\alpha}{1-\alpha}. \qquad (3.2.2)$$

Nach einem Vorschlag von Hammett [22] definiert man eine neue Aziditätsfunktion (Hammett-Funktion), indem man $\lg \frac{f_{B'}}{f_{BH}}$ (in Gl. (3.2.1)) in paH einbezieht:

$$H_0 \equiv -\lg a_{H^\cdot} \frac{f_{BH}}{f_{B'}} = pK_{BH} + \lg \frac{\alpha}{1-\alpha}. \qquad (3.2.3)$$

Wie aus Gl. (3.2.1) und Gl. (3.2.3) hervorgeht, wird H_0 nur mit paH identisch, wenn $\frac{f_{BH}}{f_{B'}}$ eins wird. In organischen Lösungsmitteln und bei sehr hohen Ionenstärken, wo gerade die Hammett-Funktion vielfach als Aziditätsmaß verwendet wurde, trifft das sicher nicht zu (s. S. 124 und 144).

Aus Gl. (3.2.2) folgt, daß für jeden Indikator $pH_{sp} = pK_{BH}$ wird, wenn der Dissoziationsgrad $\alpha = 0{,}5$ wird. Das gilt natürlich auch für Indikatoren vom Typ (3.2c).

Nur in der Nähe dieses sogenannten Halbstufenwertes des betreffenden Indikators kann er zur genauen pH-Messung verwendet werden, weil nur dann α genügend weit von 1 bzw. 0 verschieden ist, um $\lg \frac{\alpha}{1-\alpha}$ genau bestimmen zu können. Das zeigt Abb. 1, wo α bzw. $(1 - \alpha)$ als Funktion des Abstandes (ΔpH) vom Halbstufenwert

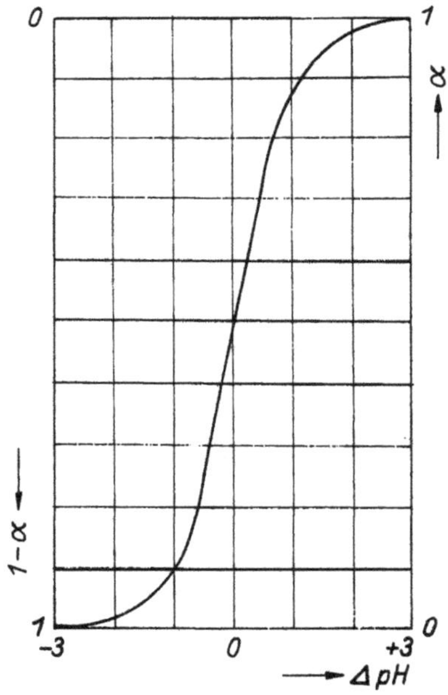

Abb. 1. Dissoziationsgrad bzw. Lichtabsorption als Funktion des pH-Wertes

aufgetragen ist. Man erkennt, daß es nicht sinnvoll ist, den pH-Wert einer Lösung mit einem Indikator zu messen, dessen pK mehr als ± 1 pH außerhalb des Meßwertes liegt. Daher ist es nötig, für verschiedene Aziditätsbereiche Indikatoren mit geeigneten pK-Werten einzusetzen. In Tab. 3 sind einige Indikatoren mit Halb-

Tabelle 4

Halbwertsstufe und Salzfehler einiger im alkalischen Gebiet verwendbarer Indikatoren nach spektralphotometrischen Messungen

Indikator	Normalität des NaCl			
	0,0	0,5	1,0	2,0
	pK	Salzfehler		
Neutralblau R	11,22	–	–	–
Neutralblau B	11,29	+0,06	+0,11	+0,19
Chromechtorange R	11,71	−0,03	−0,08	−0,10
Lanazylviolett	12,12	+0,07	+0,12	+0,22
Karbazolgelb W	13,7	–	–	–
Chlorantinlichtblau GLN	13,8	–	–	–
Zölestinblau	14,7	–	–	–

stufenwert und pH-Bereich, in dem sie verwendet werden können, angegeben [23].

In Tab. 4 sind einige Indikatoren aufgeführt, die sich für den stark alkalischen Bereich eignen, wo die normalen Glaselektroden, insbesondere bei hohen Gehalten an Natriumsalzen, fehlerhafte Messungen ergeben (s. S. 63). Allerdings zeigen dann auch die Indikatoren Fehler gegenüber der Wasserstoffelektrode, wie Tab. 4 zeigt; die Fehler für die letzten 3 Indikatoren wurden nicht bestimmt.

Man kann zwar den wahren pH-Wert auch bei hohen bekannten Ionenstärken des Meßgutes aus den gemessenen pH-Werten (pH_{Ind}) berechnen, indem man zu pH_{Ind} den Quotienten

$$\lg\left[\left(\frac{f_{B'}}{f_{BH}}\right)_{I_m}\cdot\left(\frac{f_{BH}}{f_{B'}}\right)_{I_p}\right]$$

addiert:

$$paH = pH_{Ind} + \lg\left[\left(\frac{f_{B'}}{f_{BH}}\right)_{I_m}\cdot\left(\frac{f_{BH}}{f_{B'}}\right)_{I_p}\right], \qquad (3.2.4)$$

wobei der Index I_m für die Ionenstärke im Meßgut, I_p für diese in einer Vergleichspufferlösung gilt [24]. Wenn beide gleich sind, was selten zutreffen wird, kann man nach dieser aus (3.2.1) resultierenden Beziehung den Indikatorwert pH_{Ind} dem *pa*H-Wert gleich setzen.

Die Aktivitätskoeffizienten der Indikatorionen kann man bis zu Ionenstärken von 0,1 nach einer erweiterten DEBEY-HÜCKEL-Gleichung berechnen, die der Indikatormoleküle kann man bis zu diesen Ionenstärken 1 setzen. Für höhere Ionenstärken, wie sie normalerweise in der Technik auftreten, ist die Berechnung des Quotienten nicht möglich.

Zum Aziditätsvergleich bei gleicher Ionenstärke und im gleichen Lösungsmittel ist der pH_{sp}-Wert bzw. die HAMMETT-Funktion durchaus geeignet, dagegen nicht bei Verwendung verschiedener Lösungsmittel (und Ionenstärken) (s. S. 144). Neben den Salzfehlern können noch eine Reihe von anderen Einflüssen die spektralphotometrische pH-Messung verfälschen:

a) Bei sehr intensiv gefärbten Lösungen ist die Methode naturgemäß nicht anwendbar, schon durch eine geringe Eigenfärbung oder Trübung wird die Meßgenauigkeit erheblich verringert, weil dann die Absorptionsmessung zu einer Differenzbestimmung wird. Man kann zwar durch geeignete Zusätze häufig die Schwebstoffe ausflocken und damit eine klare Lösung herstellen [25], aber dadurch wird meistens, vor allem in schwach gepufferten Lösungen, eine pH-Verschiebung hervorgerufen. Fluoreszenzindikatoren sind für trübe oder gefärbte Lösungen besser geeignet [26]. Von SIMON [27] wurden dafür z. B. Azylblau, Tropäolin 0 und indigosulfosaures Natrium empfohlen. Ein geeigneter Lumineszenzindikator für solche pH-Messungen ist auch N,N′-Dimethyldiakridyliumnitrat (Luzigenin) [28].

b) In stark oxydierenden oder reduzierenden Lösungen können vom pH-Wert unabhängige Farbveränderungen durch chemische Umsetzung des Indikators auftreten. Solche Farbveränderungen können bereits durch Adsorption an kolloid gelösten Stoffen hervorgerufen werden. So ist bekannt, daß die kolorimetrische pH-Messung in

Lösungen kapillaraktiver Stoffe [29], wie Lösungen von Seifen, Fettalkoholsulfonaten usw., zum Teil völlig falsche Werte liefert. Auch in solchen Lösungen einigermaßen brauchbare Farbstoffe [30] sind z. B.:

für anionaktive Stoffe

	pH
Phenolrot	6,4··· 8,2
Kresolrot	7,0··· 8,8
m-Kresolpurpur	7,4··· 9,0
p-Xylenolblau	8,0··· 9,6
Phenolphthalein	8,2··· 9,8
β-Naphtholviolett	10,0···12,0
Alizaringelb RS	10,0···12,1
Tropäolin 0	11,1···12,7

sowie die einfarbigen Nitrophenole und Alizaringelb GG;

für nichtionogene Stoffe vom Typ der Polyglykoläther

	pH
Kresolrot	0,2··· 1,8
Thymolblau	1,2··· 2,8
Phenolrot	6,4··· 8,2
Kresolrot	7,0··· 8,8
m-Kresolpurpur	7,4··· 9,0
β-Naphtholviolett	10,0···12,0
Alizaringelb RS	10,0···12,1
Tropäolin 0	11,1···12,7

sowie die einfarbigen Nitrophenole.

Sehr große Fehler können auch bei Gegenwart von Eiweißkörpern durch Farbveränderungen infolge Bindung des Indikators an diese Stoffe entstehen [31]. Für eine große Zahl von Indikatoren ist zwar der Eiweißfehler ermittelt, da er sich aber mit der Eiweißkonzentration und dem pH-Wert ändert, sind entsprechende Korrekturen sehr unsicher. Hier verdient die elektrometrische Messung mit der Glaselektrode den Vorzug.

Die Problematik der spektralphotometrischen pH-Messung in organischen Lösungsmitteln wird später erörtert.

Die spektralphotometrische pH-Messung setzt nach dem über den Meßbereich der Farbindikatoren Gesagten eine gewisse Kenntnis des pH-Bereiches der zu messenden Lösung voraus, die man sich z. B. durch Benutzung von Indikatorpapier beschaffen kann. Dafür geeignet sind besonders sogenannte Universal-pH-Papiere, die mit einem Indikatorgemisch getränkt sind und ihre Farbe im Bereich 1 bis 10 oder sogar bis 12 entsprechend einer beigegebenen Skala ändern [32].

Mit dem entsprechend dem pH-Bereich ausgewählten Indikator lassen sich die pH-Messungen in jedem der heute überaus zahlreich angebotenen Spektralphotometer [33] durchführen. Im allgemeinen wird der pK-Wert des Indikators bekannt sein. Bei einem einfarbigen Indikator erhält man aus der Lichtabsorption (β') bei genau bekannter Konzentration (c) desselben in der Meßlösung und der Absorption der reinen farbigen Form (β) bei dieser Konzentration $\alpha = \frac{\beta'}{\beta}$ und kann dann nach Gl. (3.2.2) den pH berechnen. Bei Indikatoren, die zwei deutlich verschiedene Farben bei unterschiedlichem pH zeigen, kann aus der Absorption bei den beiden Absorptionsmaxima das Konzentrationsverhältnis von saurer zu basischer Form des Indikators und daraus ohne genaue Kenntnis der Gesamtkonzentration des Indikators $\lg \frac{\alpha}{1-\alpha}$ bestimmt werden.

Ist allgemein die Absorption in der sauren Form des Indikators β_s, in der alkalischen β_a, dann ist die Absorption der Meßlösung

$$\beta_x = \alpha\beta_s + (1-\alpha)\,\beta_a \tag{3.2.5}$$

und mithin

$$\frac{\alpha}{1-\alpha} = \frac{\beta_x - \beta_s}{\beta_a - \beta_x}. \tag{3.2.6}$$

Mit Spektrometern, die auch die Absorption des Lichtes im nicht sichtbaren Bereich zu messen gestatten, kann auch die UV- oder IR-Absorption der farblosen Form des Indikators gemessen werden. Ist der *pK*-Wert des Indikators nicht bekannt, so kann man ihn durch Messung mit Pufferlösungen bekannten pH-Wertes aus Gl. (3.2.2) bestimmen. Macht man dabei die Ionenstärke der Pufferlösung der der Meßlösung möglichst gleich, dann wird der Salzfehler sehr gering. Er läßt sich natürlich auch rechnerisch beseitigen. Eine größere Meßgenauigkeit als 0,1 pH wird man aber in konzentrierteren Lösungen kaum erreichen [34]. Besonders große Fehler wurden von RANDS [35] in konzentrierten Lösungen von Düngemitteln (z. B. mit 31% $(NH_4)_2HPO_4$ und 12% $NH_4H_2PO_4$) beim Vergleich kolorimetrischer mit potentiometrischen Messungen festgestellt, wenn die Lösungen verdünnt wurden. Während die potentiometrischen Werte beim Verdünnen auf etwa das Fünffache nahezu konstant bei 7,2 blieben, nahm der mit Bromthymolblau gemessene Wert von etwa 5,2 auf 7,2 mit der Verdünnung zu.

Auf die spektralphotometrische Technik wird im Rahmen dieses Buches nicht eingegangen, da umfangreiches Schrifttum [36] über kolorimetrische und spektralphotometrische Meßverfahren vorliegt und die pH-Messung vor allem zur Betriebskontrolle fast ausschließlich auf potentiometrischem Wege erfolgt. Es sind zwar mehrfach Geräte zur kontinuierlichen kolorimetrischen pH-Messung und Registrierung vorgeschlagen worden, sie haben aber in die Praxis kaum Eingang gefunden [37], wahrscheinlich wegen der größeren Betriebssicherheit und Anwendungsbreite der potentiometrischen Methoden, insbesondere mit der Glaselektrode.

3.3. *Potentiometrische Methoden der pH-Messung*

Bezüglich der Grundlagen der Potentiometrie muß auf [1] verwiesen werden. Hier sollen nur die speziellen Fragen der potentiometrischen pH-Meßtechnik erörtert werden. Die pH-Messung mit Hilfe von Kettenspannungen hat allerdings unter den potentiometrischen Analysenmethoden bisher die größte wissenschaftliche und volkswirtschaftliche Bedeutung erlangt. Das erkennt man schon daraus, daß sich viele Betriebe auf den Bau von pH-Meß-, -Registrier- und -Regelgeräten nach diesem Prinzip spezialisiert haben. Im allgemeinen werden Ketten mit Überführung verwendet, obwohl, wie schon in Kap. 2. ausgeführt, Wasserstoffionenaktivitäten wegen der Diffusionspotentiale nicht exakt bestimmt werden können. Andererseits sind Ketten ohne Überführung nicht nur deswegen für die Bestimmung von $a_{H^{\cdot}}$ ungeeignet, weil sie mittlere Aktivitäten liefern, sondern weil auch eine bekannte und konstante Konzentration an dem potentialbestimmenden Anion vorliegen muß.

Für die potentiometrische pH-Messung benötigt man eine $H^{\cdot}$-indizierende Elektrode, eine Bezugselektrode, evtl. einen Stromschlüssel und ein geeignetes Meßgerät. (Über Bezugselektroden finden sich nähere Angaben in [1], S. 174f.)

3.3.1. *Redoxelektroden zur pH-Messung*

Im Prinzip eignet sich jedes Redoxgleichgewicht, an dem Wasserstoffionen beteiligt sind,

$$A + nH^{\cdot} + ne^{-} \rightleftharpoons AH_n \qquad (3.3.a)$$

$$\varepsilon = \varepsilon^0 + \frac{F_N}{n} \lg \frac{a_{AH_n}}{a_A \cdot a_{H^{\cdot}}^n} \qquad (3.3.1)$$

$$F_N = \frac{2{,}303\,RT}{F} \text{ (Nernst-Faktor)}$$

zur Bestimmung des pH-Wertes. Neben den bekannten Redoxelektroden (Wasserstoff-, Chinhydron-, Metall/Metalloxid-Elektroden) sind kaum neue Systeme vorgeschlagen worden, zum einen wohl deswegen, weil die pH-Messung mit solchen Systemen durch andere Redoxvorgänge gestört wird und in der Glaselektrode eine davon unabhängige Elektrode zur Verfügung steht, zum anderen, weil nur wenige Redoxvorgänge sich rasch reversibel einstellen.

3.3.1.1. *Die Wasserstoffelektrode*

Die Wasserstoffelektrode hat trotz vieler Unbequemlichkeiten (Herstellung extrem reinen Wasserstoffes, Berücksichtigung des Atmosphärendruckes p, des Dampfdruckes der zu messenden Lösung p_d und des hydrostatischen Überdruckes p_h, häufige Erneuerung der Platinierung der Elektrode usw.) ihre Bedeutung zur Standardisierung von Pufferlösungen und zur Kontrolle von mit anderen Elektroden erhaltenen pH-Werten deswegen nicht verloren, weil sie auf einem einfachen, reversiblen Gleichgewicht beruht.

$$H_2 \rightleftharpoons 2H^{\cdot} + 2e^- \qquad (3.3.b)$$

$$\varepsilon_H = \varepsilon_H{}^0 + F_N \lg \frac{a_{H^{\cdot}}}{a_{H_2}^{1/2}} \qquad (3.3.2)$$

Horiuti u. Mitarb. [38] haben den Reaktionsmechanismus an der Platinwasserstoffelektrode eingehend studiert und kommen auf Grund der Bestimmung des Isotopenaustausches zwischen Wasserstoff und Deuterium, des pH-Einflusses und der Werte für die Aktivierungsenthalpie zu dem Ergebnis, daß unter Gleichgewichtsbedingungen in saurer Lösung der Mechanismus

$$H^{\cdot} + e^- \rightleftharpoons H_{ad}; \quad H_{ad} + H^{\cdot} + e^- \rightleftharpoons H_2(g) \qquad (3.3.c)$$

bzw.

$$2H^{\cdot} + e^- \rightleftharpoons H_{2_{ad}}^{\cdot}; \quad H_{2_{ad}}^{\cdot} + e^- \rightleftharpoons H_2(g) \qquad (3.3.d)$$

maßgebend ist.

Da durch Konvention $\varepsilon_H{}^0$ für alle Temperaturen Null gesetzt wird, für a_{H_2} die Fugazität zu setzen ist und für $p_{H_2} = 1$ der Fugazitätskoeffizient sehr nahe bei 1 liegt, vereinfacht sich für H_2 von Atmosphärendruck die Gleichung zwischen ε_H und paH zu:

$$\varepsilon_H = -F_N \cdot \mathrm{pH}.$$

Für Präzisionsmessungen, wie sie vor allem bei Ketten ohne Überführung zur Bestimmung von pwH und ptH in Betracht kommen, muß man nach Hills und Ives [39] folgende halbempirische Korrektur am gemessenen Potential ε_m für den Dampfdruck p_d des Lösungsmittels und den hydrostatischen Überdruck p_h anbringen:

$$\varepsilon_H = \varepsilon_m + F_{N/2} \lg \frac{p - p_d + 0{,}42 \cdot p_h}{760}. \qquad (3.3.3)$$

p_h ergibt sich aus dem Überdruck in mm Wassersäule, p_n nach $p_h = \frac{p_n}{\varrho_{Hg}}$ (ϱ_{Hg} = Dichte des Quecksilbers).

Die Korrektur in bezug auf p_d ist vor allem bei hohen Temperaturen und bei sehr flüchtigen Lösungsmitteln keinesfalls zu vernachlässigen.

Die Gleichgewichtseinstellung hängt von der Platinierung ab und erfolgt in wasserhaltigen und erst recht in wasserfreien organischen Lösungsmitteln sowie bei hohen Ionenstärken, insbesondere Salzgehalten ($J > 2$), sehr langsam. In solchen Medien ist die Wasserstoffelektrode offenbar sehr polarisationsempfindlich, es empfiehlt sich daher das Kompensationsverfahren in Kombination mit einem hochohmigen Verstärker zu verwenden [40]. Außerdem erhält man vor allem in organischen Lösungsmitteln eine bessere Potentialeinstellung, wenn man nur schwach (grau) platiniert und die Platinierung möglichst nach jeder Messung erneuert [41].

Die Verwendung von glattem Platin als Konus am Boden des Meßgefäßes mit Zusatz von frischem Pt-Mohr [39] bietet vor allem dann Vorteile, wenn mit raschen

Ermüdungs- oder Vergiftungserscheinungen zu rechnen ist. Werden platinierte Bleche verwendet, spielt die Reinigung vor der Platinierung eine wichtige Rolle, mit Palladiumschwarz überzogene Palladiumelektroden geben zwar meistens etwas andere Potentiale als platinierte Platinelektroden [42], neuere Untersuchungen haben aber gezeigt [43], daß dabei der Zustand des Palladiums eine wesentliche Rolle spielt. Die Reproduzierbarkeit der Spannung von Ketten ohne Überführung mit der Wasserstoffelektrode hängt natürlich auch von der Gegenelektrode ab; nur bei sorgfältiger Herstellung und Reinigung der Elektroden lassen sich 10 μV erreichen, beim Vergleich mehrerer Wasserstoffelektroden in der gleichen wäßrigen Lösung sind ebenfalls kaum kleinere Potentialunterschiede zu erzielen [42].

Bianchi u. Mitarb. [44] haben als Wasserstoffelektrode eine mit Platinschwarz aktivierte poröse Graphitscheibe vorgeschlagen, die keinen dauernden Wasserstoffstrom erfordert, einen Fehler von 0,03 mV zeigt und auf 0,01 mV über Tage konstant ist. In Abb. 2 ist diese Wasserstoffelektrode, die nur ein kleines Flüssigkeitsvolumen benötigt, dargestellt; die Flüssigkeit bedeckt das Platinschwarz nicht, benetzt dieses aber durch Kapillarwirkung. Ein Teflonsieb schützt das Platinschwarz und verhindert die Bildung einer Flüssigkeitsschicht auf dem Platinschwarz.

Um das Durchleiten von Wasserstoff, das zur pH-Änderung durch Austreiben flüchtiger Säuren oder Basen führen kann, zu vermeiden, hat schon Nylen [45] eine vor der Messung mit H_2 beladene Palladiumelektrode verwendet. Eingehend ist diese Elektrode von Vasile und Enke [43] untersucht worden. Im Bereich der Koexistenz von α- und β-Phase des Palladiums ist das Potential von der Zusammensetzung des Pd unabhängig und ändert sich unabhängig vom pH-Wert praktisch linear mit der Temperatur, und zwar 0,65 mV/Kelvin.

Eine Wasserstoffelektrode aus Raney-Platin, die permanent mit kathodisch entwickeltem Wasserstoff

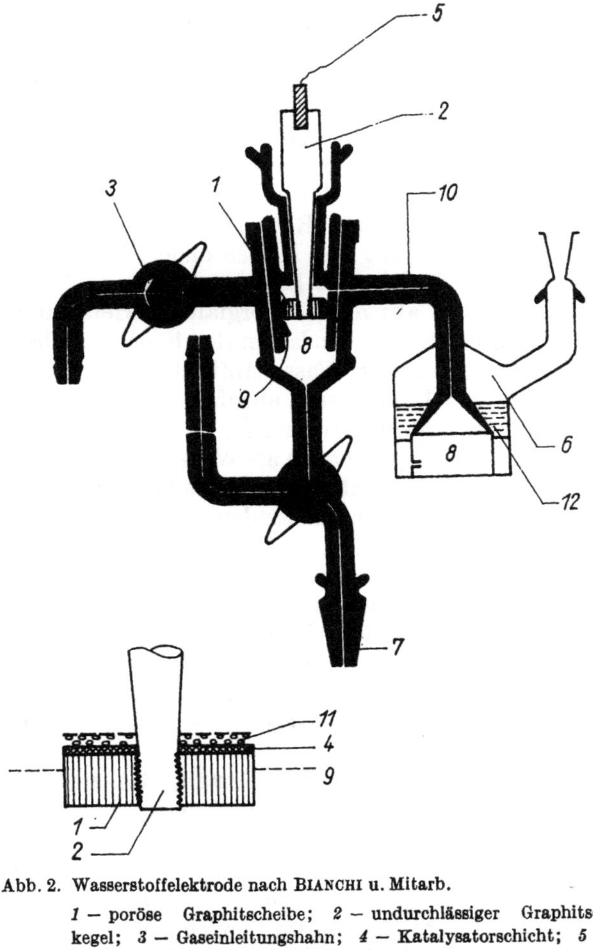

Abb. 2. Wasserstoffelektrode nach BIANCHI u. Mitarb.

1 – poröse Graphitscheibe; *2* – undurchlässiger Graphitschraubkegel; *3* – Gaseinleitungshahn; *4* – Katalysatorschicht; *5* – elektrische Ableitung; *6* – hydraulische Kammer; *7* – zur zweiten Halbzelle; *8* – Lösung; *9* – Flüssigkeitsniveau; *10* – Verbindungsrohr zur hydraulischen Kammer; *11* – Teflonsieb; *12* – Vakuumölschicht beladen wird, empfehlen BINDER, KÖHLING und SANDSTEDE [46]. Die kathodische Stromdichte ist 2 mA · cm^{-2}, bezogen auf die geometrische Oberfläche der Elektrode, ihre wahre Oberfläche ist aber wegen des hochdispersen RANEY-Platins so groß, daß die wirkliche Stromdichte kleiner als 1 μA · cm^{-2} ist und daher keine merkliche Polarisation auftreten wird. Da durch den kathodischen Strom aber etwa $7 \cdot 10^{-5}$ Val $H^{\cdot}$ pro Stunde verbraucht werden, dürfte die Elektrode zur pH-Messung in ungepufferten Lösungen und kleinen Meßvolumina nicht geeignet sein; wohl aber erscheint sie sehr brauchbar zur Untersuchung der Polarisationseffekte in der Elektrodenkinetik.

Eine Wasserstoffelektrode zur Messung in Eis haben KRISHNAN u. Mitarb. [47] dadurch hergestellt, daß auf das Eis Platinpulver geschichtet wurde, die Potentialableitung erfolgte mit feinen Platindrähten. Bei Veränderung des Wasserstoffdruckes über dem Platin nach vorherigem Evakuieren der U-förmigen Meßzelle wurden die berechneten Potentialänderungen gemessen.

Wie schon bemerkt, wird die Wasserstoffelektrode noch immer zur Standardisierung von Pufferlösungen benötigt. Dazu sind auch besondere Meßzellen vorgeschlagen worden, die aber natürlich nicht unmittelbar Standardkettenspannungen liefern, vor allem wenn man Ketten mit Überführung verwendet. Wenn man den pH-Wert standardisierter Pufferlösungen als bekannt annimmt (z. B. der primären NBS-Puffer, s. S. 87), so kann man den pH-Wert einer beliebigen anderen Pufferlösung (X) aus der Spannung einer Kette vom Typ

$$(Pt)H_2/\text{prim. Standardpuffer}\underset{\varepsilon_{d_1}}{//}KCl(\mathit{ges.})\underset{\varepsilon_{d_2}}{//}\text{Puffer } X/H_2(Pt) \qquad (3.3.e)$$

bestimmen [48].

Die beiden Diffusionspotentiale (ε_{d_1} und ε_{d_2}) zwischen der ges. KCl-Lösung und den beiden Pufferlösungen hängen von der Ionenstärke (J) und dem pH ab; nur wenn J und pH völlig gleich wären, würden sie auch gleich sein und sich kompensieren. Die Anordnung [48] spielt dabei keine Rolle.

Obwohl die Standardwasserstoffelektrode durch die Konzentration 1 der $H^{\cdot}$ und ihre Aktivitätskoeffizienten 1 sowie die Fugazität des H_2-Druckes 1 definiert ist und damit natürlich experimentell nicht realisiert werden kann, wird immer wieder von der Standardwasserstoffelektrode als Referenzelektrode gesprochen und so der Eindruck erweckt, daß man sie herstellen und direkt damit messen könnte. Tatsächlich kann man aber nur dadurch einen Vergleich mit der hypothetischen Standardwasserstoffelektrode vornehmen, daß man die betreffende Kettenspannung auf die Ionenstärke Null extrapoliert, das gilt auch für primäre Standardpufferlösungen (s. S. 88). Darauf wird mit Nachdruck hingewiesen [49].

3.3.1.2. Chinhydron-Elektrode

Die Empfindlichkeit gegen andere Redoxgleichgewichte, gegen Gifte wie H_2S, As_2O_3, CO, CN^- sowie gegen kolloide Dispersionen [24, 42, 50] teilt die Wasserstoffelektrode mit der Chinhydron-Elektrode, die außerdem noch im alkalischen Bereich (pH = 8) [45] nicht verwendbar ist. Sie wurde in Kombination mit einer Ag/AgCl(*s*)- und einer Hg/Hg_2Cl_2(*s*)-Elektrode, die in 3 M NaCl verwendet wuıden, eingehend von Schwing [51] untersucht. Das Standardpotential wurde durch Messungen einer Gold-Chinhydron-Elektrode gegen eine Wasserstoffelektrode in Salzsäure zu $+699{,}74 \pm 0{,}03$ mV (abs.) bestimmt in guter Übereinstimmung mit älteren Werten. Der Salzeffekt ist nach seinen Ergebnissen unabhängig vom pH (1 bis 8,25 pH). Der Befund von Gabbard [52], daß der Fehler bei pH-Werten $> 5{,}5$ stark zunimmt, wird auf den sauren Charakter des Chinhydrons zurückgeführt. Die schon von Hovorka und Dearing [53] angegebene Gleichung zur Korrektur des Salzfehlers ΔpH, wonach

$$\mathrm{pH} = K \cdot m_{\mathrm{Salz}} \qquad (3.3.4)$$

und der Proportionalitätsfaktor K je nach der Art des Salzes Werte von −0,04 bis +0,03 annehmen kann, wird erweitert. Da aber dabei die darin enthaltenen Korrekturgrößen nur zum Teil bekannt sind, hat diese Erweiterung nur geringen Wert und man wird sich zweckmäßigerweise für Messungen in konzentrierten Salzlösungen anderer Elektroden bedienen, die diese Fehler, die in erster Linie auf der unterschiedlichen Löslichkeitsveränderung von Chinon bzw. Hydrochinon durch den Salzzusatz beruhen, nicht aufweisen. Die Chinhydron-Elektrode spielt generell für pH-Messungen und potentiometrische Titrationen im Laboratorium und erst recht für betriebliche pH-Messungen heute eine ebenso untergeordnete Rolle wie die Metall/Metalloxid-Elektrode. Daran wird sich auch nichts ändern, wenn sich, wie von De Fliss und Worobjew [54] vorgeschlagen, statt Gold oder Platin das billigere Titan bewähren sollte. Gelegentlich wird sie noch für pH-Messungen in sauren, fluoridhaltigen Lösungen eingesetzt, in denen die Glaselektrode zu stark angegriffen wird. Tatsächlich lassen sich Glaselektroden in Fluoridlösungen mit pH = 4 ohne merkliche Schädigung über Monate verwenden. Bei niedrigen pH-Werten können registrierende Messungen in fluoridhaltigen Lösungen durchgeführt werden, wenn man an der Platinelektrode dauernd für Sättigung mit Chinhydron sorgt, das ist z. B. mit einer Einstabmeßkette nach Abb. 3 möglich [55].

In letzter Zeit ist die Chinhydron-Elektrode zu Aziditätsmessungen in organischen Lösungsmitteln eingesetzt worden; Messungen in Formamid haben z. B. Nayak und Sahu [56] durchgeführt. Das Problem des Aziditätsvergleiches mit wäßrigen Lösungen bei derselben Säurekonzentration ist natürlich unabhängig von der Art der $H^{\cdot}$ indizierenden Elektroden (s. S. 135f). Durch Vergleich

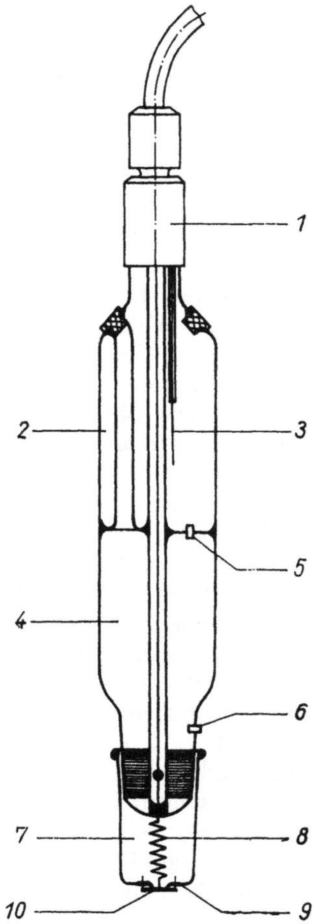

Abb. 3. Chinhydron-Einstabmeßkette für kontinuierliche pH-Messungen

1 – Verschlußkappe; *2* – KCl-Lösung; *3* – Ag/AgCl-Elektrode; *4* – Salzbrückenelektrolyt; *5, 6* – poröse Keramikstifte; *7* – Vorratsbehälter für Chinhydron; *8* – Platindraht; *9* – Öffnung für den Durchtritt des Chinhydrons; *10* – Platinelektrode von Ketten ohne Überführung mit der Ag/AgCl(*s*)-, der Hg/Hg_2Cl_2(*s*)- und der $Pt(H_2)$-Elektrode als Gegenelektroden und HCl als Elektrolyt wurde für die Chinhydron-Elektrode in Formamid ein Mittelwert des Standardpotentials bezogen auf die H_2-Elektrode im gleichen Lösungsmittel von +0,7143 V bei 25°C gefunden. Andere organische Redoxsysteme haben sich für die pH-Messung nicht bewährt.

3.3.1.3. Metall-Metalloxid-Elektroden

Die Antimonelektrode wird für betriebliche pH-Messungen wegen ihrer mechanischen Stabilität vereinzelt noch angewendet. Auch die Wismutelektrode findet ab und zu noch vor allem im alkalischen Bereich Verwendung. Im allgemeinen wird aber heute die Glaselektrode wegen ihrer Unempfindlichkeit gegen Redoxsysteme und ihrer ausgezeichneten Reversibilität sowohl im Laboratorium wie für die Betriebskontrolle und Prozeßsteuerung bevorzugt. Für Bodenuntersuchungen hat SOVOVÁ [57] eine aus Antimonpulver und Antimon(III)oxid bei 1200 kp/cm² gepreßte Elektrode empfohlen. Sie zeigte gegenüber gegossenen Antimonelektroden eine höhere Geschwindigkeit der Potentialeinstellung und wies bei einem Sb_2O_3-Gehalt von 5—10% eine maximale Streuung von ±1,5 mV auf, während sie bei gegossenen Elektroden ±8,5 mV betrug. Bei vergleichenden Messungen von Bodenproben traten allerdings zum Teil erhebliche Abweichungen gegenüber der Glaselektrode und kolorimetrischen Werten auf (z. B. pH(Glas) 5,42 pH; pH(gepreßte Sb-Elektrode) 4,78 pH).

ČUTA und HAVELKA [58] haben gegossene Elektroden aus sehr reinem Antimon bei Temperaturen über 80°C in Gegenwart von Luft verwendet und rasche Potentialeinstellung bei guter Meßgenauigkeit festgestellt, in N_2 waren die Elektroden nicht brauchbar. Die Autoren haben sich auch mit dem Mechanismus der Antimonelektrode beschäftigt. Generell liegt den Metallelektroden das Gleichgewicht:

$$mMe + n\mathrm{H_2O} \rightleftharpoons Me_m\mathrm{O}_n + 2n\mathrm{H}^{\cdot} + 2ne^- \qquad (3.3.\mathrm{f})$$

zugrunde. Seine reversible Einstellung hängt von der Ausbildung und dem Kontakt der beiden festen Phasen ab und kann durch Adsorption von Anionen und Verunreinigungen erheblich beeinflußt werden.

Die Wismutelektrode ist in Form von in Glaskapillaren eingeschmolzenen Mikroelektroden für die potentiometrische Chromatographie und potentiometrische Titrationen eingesetzt worden [59], im pH-Bereich 3 bis 12 wurde ein Potential gegen die 0,1 M KCl, Hg_2Cl_2/Hg-Elektrode von $\varepsilon = 0{,}045$ bis 0,055 pH bei 20°C gefunden. Wismutmikroelektroden sind neuerdings auch zur Messung des pH-Wertes an der Oberfläche von Ionenaustauschermembranen benutzt worden, während an diesen elektrolytisch Hydroxide der Seltenen Erden zur Verwendung als β-Quellen abgeschieden wurden [60]. Eine eingehende Untersuchung über das Verhalten der Wismutelektrode in Abhängigkeit von der Elektrolytzusammensetzung erfolgte von Abdalla [61].

Andere Metallelektroden, z. B. aus Molybdän, Wolfram, Niob, Tantal, Germanium oder Arsen und Raney-Nickel, bieten gegenüber den Antimon- und Wismutelektroden keine Vorteile [62]. Ihre Potentialänderung ist kleiner als der Nernst-Faktor (59 mV bei 25°C) und meistens nur in einem bestimmten engen pH-Bereich linear. Sie werden daher nur für potentiometrische pH-Titrationen auch in organischen Lösungsmitteln gelegentlich eingesetzt.

Grundsätzlich lassen sich aber alle Redoxelektroden bei Gegenwart starker Oxydations- oder Reduktionsmittel nicht zur pH-Messung verwenden. Deshalb haben sich die Glaselektroden sowohl in den Laboratorien wie in der industriellen pH-Meßtechnik allgemein durchgesetzt.

3.3.2. *Glaselektroden*

Daß an einer Glasmembran von der Wasserstoffionenkonzentration abhängige Potentialdifferenzen auftreten, wenn sie auf beiden Seiten mit wäßrigen Lösungen in Berührung steht, ist schon von CREMER [63] erkannt und von HABER und KLEMENSIEWICZ [64] näher untersucht worden. Wegen des hohen Ionenwiderstandes der Glaselektroden (1 bis 1000 MΩ) fanden sie aber zunächst kaum praktische Verwendung zur pH-Messung, obwohl sie gegenüber Redoxsystemen in der Lösung völlig unempfindlich sind. Erst als die elektronischen Verstärker, zunächst unter Verwendung von Elektronenröhren, später von Halbleitertransistoren, Spannungsmessungen bei Eingangswiderständen von 1000 MΩ bis 10^6 MΩ gestatteten, kamen sie in rasch steigendem Umfang zum Einsatz und werden heute sowohl im Laboratorium wie zur industriellen pH-Messung und -Regelung fast ausschließlich eingesetzt.

Ein Hohlkörper aus geeignetem Glas, meist eine Kugel, wird innen mit einer Lösung bekannten pH-Wertes (pH_B) (im allgemeinen einer Pufferlösung) gefüllt und in die zu messende Lösung getaucht. Die Potentialdifferenz $\Delta\varepsilon$ zwischen Innen- und Außenseite des Hohlkörpers (d. h. die Spannung U der Glaskette) ist bei niedrigen Konzentrationen an Alkalisalzen und Verwendung entsprechender Gläser der Differenz der pH-Werte ($pH_B - pH_x$) nach der NERNSTschen Gleichung im Bereich pH = 0 bis 14 streng proportional

$$\Delta\varepsilon = U = \frac{RT \cdot 2{,}303}{F} (pH_B - pH_x) = F_N(pH_B - pH_x). \tag{3.3.5}$$

Die Messung von $\Delta\varepsilon$ macht die Verwendung von Ableitelektroden auf beiden Seiten der Glasmembran nötig, wofür allgemeine Bezugselektroden, z. B. die Kalomelelektrode oder Silber/Chlorsilberelektroden verwendet werden. Befindet sich auf beiden Seiten die gleiche Elektrodenart (z. B. gesättigte Kalomelelektroden), so dürfte sich Gl. (3.3.5) nicht ändern und pH_x könnte nach

$$pH_x = pH_B - \frac{\Delta\varepsilon}{F_N} \qquad (3.3.6)$$

exakt errechnet werden. Tatsächlich treten aber an den Kontaktstellen zwischen Bezugselektrode und Meßflüssigkeit bzw. Bezugslösung Diffusionspotentiale auf (s. S. 77), die sich im allgemeinen nicht kompensieren. Außerdem zeigen die Glaselektroden meistens selbst dann eine Potentialdifferenz, wenn gleiche Ableitelektroden verwendet werden und sich auf beiden Seiten der Membran die gleiche Lösung befindet. Dieses sog. Asymmetriepotential ε_{as} beruht auf Unterschieden in der Quellschicht beider Membranseiten und ist zeitlich nicht konstant (s. S. 65). Wegen der Diffusionspotentiale ist es auch mit Glaselektroden nicht möglich, $-\lg a_{H^\cdot}$ exakt zu messen, wohl aber mittlere Aktivitäten, wenn man auf beiden Seiten die Ableitung der Potentialdifferenz ohne Überführung vornimmt (s. S. 13), was aber nur bei genauer Kenntnis der in den Lösungen vorhandenen Ionen möglich ist, z. B. mit einer Kette

$$\mathrm{Ag/AgCl}(s),\ \mathrm{NaCl}(m_1)\mathrm{HNO_3}(m_2)/\mathrm{Glas}/\mathrm{pH}_B$$
$$\mathrm{NaCl}(m_1)\mathrm{AgCl}(m_1)\mathrm{AgCl}(s)/\mathrm{Ag} \qquad (3.3.g)$$

$$\Delta\varepsilon = F_N \lg \frac{(a_{H^\cdot} \cdot a_{Cl'})_x}{(a_{H^\cdot} \cdot a_{Cl'})_B}. \qquad (3.3.7)$$

Für die praktische Messung hat man den konventionellen pH-Wert definiert, der die unbekannten Diffusionspotentiale ε_D in die gemessene Kettenspannung (U) einbezieht:

$$U = \Delta\varepsilon + \sum \varepsilon_D \qquad (3.3.8)$$

$$(pH_x)_{\mathrm{konv}} = pH_B - \frac{U}{F_N}. \qquad (3.3.9)$$

Es ist klar, daß der so definierte pH-Wert keine wahren Wasserstoffionenaktivitäten angibt, sondern nur Vergleichswerte mit einem Bezugswert. Ein exakter Vergleich zwischen verschiedenen Meßlösungen ist außerdem nur dann möglich, wenn sich die Diffusionspotentiale nicht ändern, d. h. ε_D konstant ist. Dies trifft aber nur zu, wenn sich die zu vergleichenden Lösungen in ihrer Zusammensetzung, Ionenstärke und -art möglichst wenig unterscheiden. Lösungen unbekannter Zusammensetzung mit sehr verschiedener Ionenstärke und -art lassen sich wegen der verschiedenen Diffusionspotentiale nur bis auf $\pm 0{,}05$ pH in bezug auf ihre Azidität vergleichen, wenn auch die Kettenspannung beliebig genau gemessen wird.

3.3.2.1. Theorie der Glaselektrode

Wir behandeln die Theorie der Glaselektrode hier nur kurz vom Standpunkt des Phasengrenzpotentials zwischen Glas und Lösung, obwohl auch andere Konzeptionen insbesondere auf der Grundlage von Diffusionsmechanismen diskutiert werden.

Wenn sich zwischen zwei Phasen (l und f) ein Gleichgewicht einer Ionensorte J einstellt, so folgt aus der Gleichgewichtsbedingung

$$_J\tilde{\mu}_l = {}_J\tilde{\mu}_f$$

mit

$$\begin{aligned} _J\tilde{\mu}_l &= {}_J\mu_l^0 + RT \ln {}_Ja_l + nF\,{}_J\varphi_l \\ &= {}_J\mu_f^0 + RT \ln {}_Ja_f + nF\,{}_J\varphi_f \end{aligned} \tag{3.3.10}$$

für das Gleichgewichtspotential[1])

$$_J\varphi_f - {}_J\varphi_l = \varepsilon_J = ({}_J\mu_l^0 - {}_J\mu_f^0)\,(nF)^{-1} + \frac{RT}{nF} \ln \frac{_Ja_l}{_Ja_f} \tag{3.3.11}$$

[1]) φ = elektrisches Potential von J im Innern der betreffenden Phase (vergl. K. Schwabe: „*Physikalische Chemie*", Bd. 2, S. 163, Akademie-Verlag, Berlin 1975)

ε_J an der Phasengrenze:

$$\varepsilon_J = \varepsilon_J{}^0 + \frac{RT}{nF} \ln \frac{{}_Ja_l}{{}_Ja_f} \tag{3.3.12}$$

mit n als Ladungszahl des Ions und $\varepsilon_J{}^0$ als Standardpotential; alle anderen Symbole haben die übliche Bedeutung. Vorausgesetzt, daß in beiden Phasen der gleiche Bezugszustand verwendet wird, d. h. ${}_J\mu_f{}^0 = {}_J\mu_l{}^0$, verschwindet $\varepsilon_J{}^0$, und man erhält für das Phasengrenzpotential

$$\varepsilon_J = \frac{RT}{nF} \ln \frac{{}_Ja_l}{{}_Ja_f}. \tag{3.3.13}$$

Daraus kann man die Aktivität des Ions J in der einen Phase nur berechnen, wenn man sie in der anderen kennt. In diesem Fall würde das Gleichgewichtspotential ein Diffusionspotential zwischen zwei Lösungen mit unterschiedlicher Aktivität sein und verschwinden, wenn sich die Konzentrationen durch Diffusion ausgeglichen haben. Bei Kombination zweier Phasengrenzen mit dem gleichen (unbekannten) Wert in der einen (z. B. f) und einem unbekannten (${}_Ja_l{}^x$) sowie einem bekannten (${}_Ja_l$) in der anderen Phase (z. B. l) erhält man aus Gl. (3.3.8) eine Potentialdifferenz ε_J, aus der man den unbekannten Wert bestimmen kann:

$$\Delta\varepsilon_J = \frac{RT}{nF} \ln \frac{{}_Ja_l{}^x}{{}_Ja_l}. \tag{3.3.14}$$

Wie man sieht, hebt sich $\varepsilon_J{}^0$ hier auch dann heraus, wenn ${}_J\mu_f{}^0 \neq {}_J\mu_l{}^0$, aber ihre Differenz konstant ist. Um eine solche Membranpotentialdifferenz zur Bestimmung der Aktivität eines Ions benutzen zu können, ist demnach Voraussetzung, daß seine Aktivität in der einen Phase der in der anderen proportional ist, unabhängig von ihrem Wert, und daß nur für dieses Ion ein solches Phasengrenzpotential wirksam wird. Die Konstanz des Aktivitätsverhältnisses $\frac{a_l}{a_f}$ entspricht einem Verteilungsgleichgewicht, bei dem ein Aktivitätsunterschied im Gleichgewicht wegen der verschiedenen Standardzusätze, d. h. μ^0-Werte, bestehen muß:

$$\frac{a_l}{a_f} = e^{\frac{\mu_f^0 - \mu_l^0}{RT}} . \tag{3.3.15}$$

Trotz vielfacher Bemühungen, Membranen aus dem verschiedensten Material, insbesondere aus organischen Hochpolymeren, zur Messung der Wasserstoffionenaktivität bzw. des pH einzusetzen, hat sich bis heute die Glasmembran am besten bewährt. Sie ist das universell eingesetzte Meßorgan zur Bestimmung des pH-Wertes im pH-Bereich 0 bis 14, bei Gegenwart stärkster Oxydations- (z. B. Chromsäure) und Reduktionsmittel (z. B. Hydrazin) sowie unter extremen Bedingungen der Temperatur und des Druckes. Wenn sich daher auf einer Seite einer Membran aus Elektrodenglas eine Pufferlösung mit bekanntem pH-Wert pH_B und auf der anderen Seite die Lösung befindet, deren pH-Wert pH_x zu bestimmen ist, dann folgt nach (3.3.14)

$$\begin{aligned} \Delta\varepsilon &= F_N(pH_B - pH_x) \\ pH_x &= pH_B - \frac{\Delta\varepsilon}{F_N} . \end{aligned} \tag{3.3.16}$$

Abweichungen treten in erster Linie bei hohen Alkaliionenkonzentrationen auf und sind von der Glaszusammensetzung abhängig. Ihre Ursachen lassen sich durch die Ionenaustauschtheorie der Glaselektrode, die hier nur insoweit kurz behandelt werden soll, als sie zum Verständnis des Anwendungsbereiches der Glaselektroden für die pH-Messung wichtig erscheint [65], erklären. Bei einem reinen Verteilungsgleichgewicht der Wasserstoffionen zwischen der Glasphase und der wäßrigen Lösung müssen sich, wie oben gezeigt, die Ionenaktivitäten in beiden Phasen unterscheiden, wenn die chemischen Standardpotentiale verschieden sind. Die Konstanz der Potentiale von Glaselektroden über beinahe beliebig lange Zeiten in wäßrigen Lösungen beweist, daß es sich um Phasengrenzpotentiale und nicht um Diffusionspotentiale handelt. Die Glasmembran nimmt zwar an ihrer Oberfläche etwas Wasser auf und bildet eine *Quellschicht* aus, trotzdem entspricht der Zustand der Wasserstoffionen im Glas keinesfalls dem in der wäßrigen Lösung, da sie im Glas an lokalisierte Anionen der Kieselsäure gebunden sind. Daß Glasmembranen für Wasserstoffionen nicht durchlässig sind, d. h. also kein Diffusionspotential ausbilden, ist übrigens auch durch Tritiummarkierung gezeigt worden [66]. In jüngster Zeit nimmt Doremus [67] allerdings wieder Diffusionspotentiale in der Glasmembran wegen der unterschiedlichen Beweglichkeit von Na^+ und H^+ im Glas an, obwohl verschiedene experimentelle Befunde bezüglich der Durchlässigkeit von gequollenen Glasmembranen für H^+ und die Konstanz der Potentiale sowie ihre extrem hohe Einstellgeschwindigkeit eindeutig dagegen sprechen.

Inzwischen ist das Ionenaustauschverhalten von Gläsern vielfach untersucht worden. Dabei wurden auch poröse Gläser eingesetzt, um an ihren großen Oberflächen eindeutige Effekte nachweisen zu können [68]. Es werden Austauschkapazitäten von etwa 0,07 mVal/g im schwach alkalischen Bereich gegenüber Alkaliionen festgestellt, wobei die Selektivität gegenüber verschiedenen Kationen nicht nur von der Zusammensetzung der Gläser, sondern auch von ihrer Porosität beeinflußt wird. Nach diesen Untersuchungen ist es wahrscheinlich, daß an der Glasoberfläche Bereiche mit verschiedenen Austausch- bzw. Aziditätskonstanten auftreten. Da die Glaselektrode in zunehmendem Maße auch zur Bestimmung der Ionenaktivität in Salzschmelzen benutzt wird, z. B. für Na^+, K^+, Ag^+ usw., wurde auch die Frage geprüft, ob die gemessenen Potentialdifferenzen mit Hilfe der Ionenaustauschtheorie gedeutet werden können; dies wurde bestätigt [69].

An Glaselektroden für die pH-Messung in wäßrigen Lösungen wurden in der letzten Zeit sowohl durch Untersuchung ihres Zeitverhaltens [70] als auch durch Bestimmung des Konzentrationsprofils [71] in den Oberflächenschichten von Glaselektroden durch Photoemission beim Ionensputtern neue Argumente dafür geliefert, daß der Ionenaustausch mit der Quellschicht des Glases potentialbestimmend ist, wobei nur die SiOH-Gruppen der äußersten Schichten beteiligt sind. Die Forderung aber, daß nur das Wasserstoffion an der Ausbildung eines Phasengrenzpotentials beteiligt sein darf, ist auch bei Glasmembranen nicht streng erfüllt. Die Kationen sind im Glas an die das Gerüst bildenden Kieselsäureanionen elektrostatisch gebunden und können gegen andere Kationen ausgetauscht werden. Wenn wir z. B. die Natriumionen in der Glasphase eines Natriumcalciumsilicats mit Na^+, die Wasserstoffionen mit H^+ bezeichnen, die entsprechenden Ionen in der Lösung mit $Na^{\cdot}$ bzw. $H^{\cdot}$, so stellt sich nach Nikolski [72] ein Ionenaustausch-Gleichgewicht zwischen den beiden Phasen ein

$$Na^{\cdot} + H^+ \rightleftharpoons H^{\cdot} + Na^+ \qquad (3.3.h)$$

mit der Gleichgewichtskonstanten:

$$K = \frac{[H^{\cdot}] \cdot [Na^+]}{[H^+] \cdot [Na^{\cdot}]}. \qquad (3.3.17)$$

$H^{\cdot}$, Na^+ usw. seien zunächst als die Aktivitäten der Ionen in der betreffenden Phase angesehen. Dann muß sich für das Phasengrenzpotential nach Gl. (3.3.12) aus der Gleichgewichtsbedingung ergeben

$$\varepsilon = \varepsilon^0_{H^+} + F_N \lg \frac{[H^{\cdot}]}{[H^+]} = \varepsilon^0_{Na^+} + F_N \lg \frac{[Na^{\cdot}]}{[Na^+]}. \qquad (3.3.18)$$

Für $\frac{[H^{\cdot}]}{[H^+]}$ läßt sich mit (3.3.17) auch schreiben:

$$\frac{[H^{\cdot}]}{[H^+]} = \frac{[H^{\cdot}] + K \cdot [Na^{\cdot}]}{[H^+] + [Na^+]}. \qquad (3.3.19)$$

Wenn man annimmt, daß die Summe der austauschbaren Kationen im Glas wegen der im Netzwerk fixierten

Anionen konstant und ihre Aktivität gleich dieser Summe ist, d. h. der Aktivitätskoeffizient gleich 1, dann ergibt sich für das Potential einer Phasengrenze in der üblichen Schreibweise

$$\varepsilon = \varepsilon^{0\prime} + F_N \lg (a_{H^\cdot} + K a_{Na^\cdot}), \tag{3.3.20}$$

wobei $\varepsilon^{0\prime} = \varepsilon^0_{H^+} - F_N \lg [H^+ + Na^+]$ ist. Die Konstante K läßt sich aus der Änderung des Potentials mit $a_{Na^\cdot}$ bei konstantem pH leicht berechnen und hat von der Glaszusammensetzung abhängige Werte. Bei pH-Gläsern liegt der Wert von K in der Größenordnung von 10^{-11}. Bei der Wasserstoffionenaktivität von 10^{-7} bewirkt demnach eine Natriumionenaktivität von 1 eine Veränderung des Terms von 10^{-2}%, deren Einfluß auf das Potential nicht meßbar ist. Wenn sich also auf der einen Seite der Membran eine völlig $Na^\cdot$-freie Lösung mit $a_{H^\cdot} = 10^{-7}$ und auf der anderen Seite eine Lösung mit $a_{H^\cdot} = 10^{-7}$, aber $a_{Na^+} = 1$ befände, müßte

$$\Delta\varepsilon = F_N \lg \frac{a_{H^\cdot} + K a_{Na^\cdot}}{a_{H^\cdot}} \tag{3.3.21}$$

Null sein. Tatsächlich wird man diesen Wert nicht finden, weil die $Na^\cdot$ auch die Aktivität der $H^\cdot$ verändern und weil die meisten Glasmembranen „Asymmetriepotentiale" zeigen (s. S. 65).

Darüber hinaus ist die Annahme, daß die Aktivitätskoeffizienten der H^+ und Na^+ in der Glasphase gleich 1 und unabhängig von dem Anteil der Ionen seien, nur als erste Näherung zu betrachten und bei metallsensitiven Elektroden nicht mehr gültig. NIKOLSKI [73] hat daher in einer erweiterten Theorie eine unterschiedliche Bindung der Wasserstoffionen an die Anionen des Glases angenommen und damit den Übergang von der H^+-Funktion zur Na^+-Funktion vor allem bei Al_2O_3- und B_2O_3-haltigen Gläsern besser erklären können.

Gl. (3.3.20) bzw. (3.3.21) liefert aber eine hinreichende Erklärung des „Alkalifehlers" der pH-Glaselektroden und zeigt, daß er nicht nur eine Funktion der Wasserstoffionen-, sondern auch der Natriumionenaktivität ist. Deshalb ist es notwendig, diesen Fehler für einen bestimmten pH-Wert und eine gegebene Natriumionenkonzentration anzugeben. Er errechnet sich, wie man leicht sieht, nach

$$\Delta\varepsilon_F = F_N \lg\left(1 + K \frac{a_{Na^{\cdot}}}{a_{H^{\cdot}}}\right) \qquad (3.3.21\,a)$$

und wird um so kleiner, je kleiner K ist. Bei Ersatz des Na^+ in den Gläsern durch Li^+, Cs^+ oder Rb^+, insbesondere wenn 2 verschiedene Alkaliionen gleichzeitig verwendet werden, läßt sich die Austauschkonstante gegenüber den am häufigsten in wäßrigen Lösungen vorliegenden Natriumionen so klein machen ($< 10^{-14}$), daß selbst bei pH $= 14$ der Alkalifehler in 1 M $Na^{\cdot}$-Lösung bei Zimmertemperatur nicht größer als 10 mV, d. h. etwa 0,2 pH, ist. Andere Kationen (in Lösung) zeigen einen noch kleineren Fehler und die großen, offenbar nicht austauschbaren quaternären Kationen verursachen bis pH $= 14$ praktisch keine Abweichung von der NERNSTschen Gleichung (3.3.16). Andererseits wächst die Austauschkonstante mit der Temperatur stark an, so daß bereits bei pH $= 10$ bis 11 die Alkalifehler in konzentrierten $Na^{\cdot}$-Lösungen für eine zuverlässige pH-Messung zu groß werden, zumal sich bei hohen Temperaturen und alkalischen Lösungen die Glaselektrodenpotentiale infolge der Änderung der Glaszusammensetzung durch den Angriff der Lösung zeitlich verändern.

Die Austauschkonstante bestimmt also den Meßbereich der Glaselektrode in alkalischen Lösungen. Auch im Gebiet hoher Säurekonzentrationen zeigt sie Abweichungen von der linearen Potentialänderung mit dem pH entsprechend der NERNSTschen Gleichung. Ehe auf diesen sogenannten Säurefehler etwas näher eingegangen wird, sollen einige allgemeine Bemerkungen über den Meßbereich der Glaselektrode vorangestellt werden.

3.3.2.2. Meßbereich der pH-Glaselektrode

Wie aus der Theorie des Potentialverhaltens der Glaselektrode als Folge eines Ionenaustauschgleichgewichtes an ihrer Oberfläche, d. h. der Quellschicht, hervorgeht, kann ein Meßbereich in bezug auf H^+ bzw. OH^--Konzentration in der zu messenden Lösung nicht allgemein angegeben werden. Er wird auch vom Gehalt an den übrigen Ionen bestimmt. In reinen Säure- oder Basenlösungen kann man in der Nähe der Zimmertemperatur bis pH = 0 im Sauren (mit Ausnahme der Fluorwasserstoffsäure), im Alkalischen mit geeigneten Gläsern bis pH = 14 messen. Es ist aber schon mehrfach darauf hingewiesen worden [74], daß bei solchen oder gar noch höheren Säure- oder Basenkonzentrationen die pH-Messung kein geeignetes Mittel zur Konzentrationsbestimmung ist, weil wegen des logarithmischen Zusammenhanges zwischen Meßgröße und Konzentration bzw. Aktivität die Meßgenauigkeit viel geringer ist als z. B. die Messung durch Leitfähigkeit, selbst dann, wenn gleichzeitig Neutralsalze in der Lösung vorhanden sind. Über die speziellen Verhältnisse bei sehr hohen Neutralsalzgehalten wird später noch etwas zu bemerken sein (s. Kap. 3.3.8.).

Da das Ionenaustauschgleichgewicht eine Funktion der Temperatur ist und der Austausch mit der Temperatur sehr beschleunigt wird, wird der Meßbereich und die Lebensdauer der Glaselektroden auch bei hohen Temperaturen in Abhängigkeit von der Elektrolytzusammensetzung eingeschränkt (s. Kap. 3.3.7.). Da die Funktion der Glaselektrode als pH-Indikator in wäßrigen Lösungen an eine Quellschicht an ihrer Oberfläche gebunden ist, ist ein gleichartiges Verhalten in völlig wasserfreien organischen Lösungsmitteln, vor allem wenn sie stark wasserentziehend wirken, nicht zu erwarten (s. Kap. 3.4.).

Eine Veränderung der Quellschicht der Glaselektrode ist auch die Ursache für den Säurefehler.

3.3.2.2.1. Säurefehler

Bei hohen Schwefelsäurekonzentrationen der Lösung kann sich die Wasseraktivität in der Quellschicht ändern. Andererseits kann Säure in die Quellschicht eindringen und dadurch ihre H^+-Aktivität vergrößern. Das Eindringen von Säureionenpaaren konnte bei den Halogenwasserstoffsäuren durch radioaktive Markierung [75] nachgewiesen werden und nimmt mit der Fugazität der Säure zu, ist also bei Salzsäure am größten, damit ist auch der Säurefehler am größten. Wenn nämlich in der Quellschicht, die mit der starken Säure in Berührung steht, die Aktivität der Wasserstoffionen (a_A) größer ist als in der Quellschicht, an die die Vergleichspufferlösung grenzt (a_B), muß nach Gl. (3.3.12) bzw. (3.3.14) ein Säurefehler

$$\Delta\varepsilon_s = F_N \lg \frac{a_B}{a_A} < 0 \qquad (3.3.22)$$

auftreten. Bei nichtflüchtigen Säuren, wie Schwefelsäure und Phosphorsäure, tritt dieser Effekt nicht ein. Ein bei sehr hohen Konzentrationen gemessener Säurefehler beruht, wie Dole [75] gezeigt hat, auf der Abnahme der Wasseraktivität in der Lösungsphase. Er faßte dabei allerdings das Glaselektrodenpotential als Diffusionspotential mit der Überführungszahl 1 der H^+ in der Glasphase auf, er erhielt dabei für den Säurefehler

$$\Delta\varepsilon_s = F_N \lg a_{H_2O}, \qquad (3.3.23)$$

also auch einen negativen Wert. Man kann aber zu dieser Beziehung auch vom Standpunkt der Phasengrenzpotentialtheorie aus gelangen, wenn man einen entsprechenden Zusammenhang mit der Differenz der chemischen Standardpotentiale annimmt. Jedenfalls stimmen die in den nichtflüchtigen Säuren gemessenen Säurefehler befriedigend mit Gl. (3.3.18) überein [74]. Der Einfluß der Wasseraktivität in der zu messenden Lösung auf die

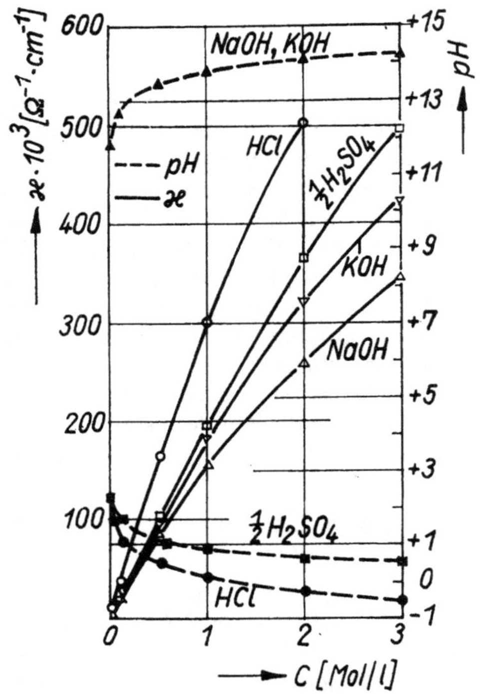

Abb. 4. Leitfähigkeit (ausgezogene Kurven) und pH-Wert (gestrichelte Kurven) starker Säuren und Basen bei 25 °C in Abhängigkeit von der Konzentration

Potentiale der Glaselektrode hat auch für die pH-Messung mit der Glaselektrode in organischen Lösungsmitteln und den Gemischen mit Wasser Bedeutung. Auch hier wirkt sich die verminderte Wasseraktivität als zusätzliche Potentialdifferenz aus. Allerdings muß zusätzlich das Eindringen des betreffenden Lösungsmittels in die Quellschicht berücksichtigt werden. Man kann daher streng genommen pH-Werte in solchen Lösungsmitteln nur dadurch messen, daß man sie mit Pufferlösungen im gleichen Lösungsmittel mit der Glaselektrode vergleicht.

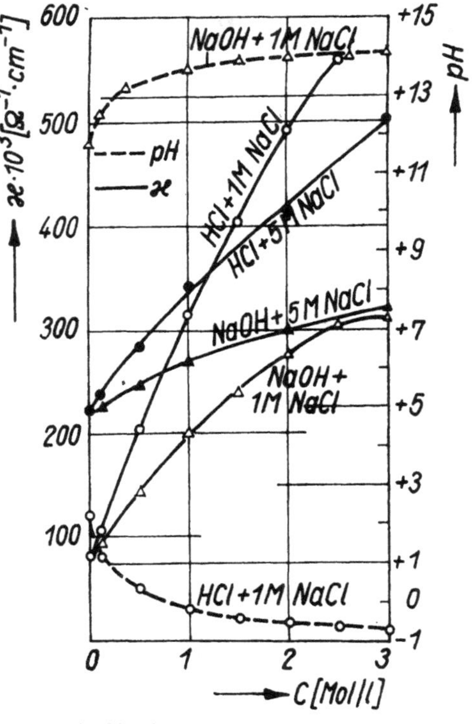

Abb. 5. Leitfähigkeit (ausgezogene Kurven) und pH-Wert (gestrichelte Kurven) von HCl und NaOH in Abhängigkeit von der Konzentration sowie bei unterschiedlichem Gehalt an NaCl

Dabei bietet aber die genaue Kenntnis des pH-Wertes der Pufferlösung Schwierigkeiten.

Man kann den Säurefehler der Glaselektrode sehr zuverlässig mit der Kette ohne Überführung:

$$Hg/Hg_2(Az)_2(s),\ HAz,\ NaAz/\text{Glas}/\text{Säure}\ X/H_2(Pt) \qquad (3.3.i)\ U_1$$

messen, wenn man ihre EMK mit der Kette

$$Hg/Hg_2(Az)_2(s),\ HAz,\ NaAz/H_2(Pt) \qquad (3.3.k)\ U_2$$

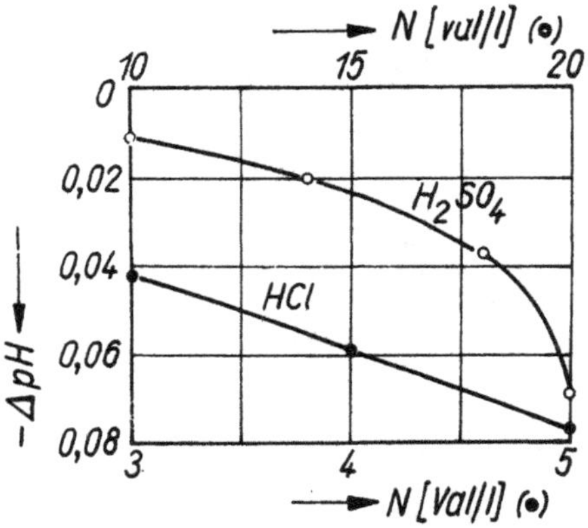

Abb. 6. Säurefehler (-ΔpH) von HCl und H_2SO_4 in Abhängigkeit von der Säurekonzentration bei 25 °C, gemessen 15 min nach dem Eintauchen der Elektroden

vergleicht. Bei gleicher Konzentration von Essigsäure + Na-Azetat gibt die Differenz der Kettenspannungen $U_1 - U_2 = \Delta\varepsilon_s$ den Säurefehler an [76].

Grundsätzlich werden, wie schon bemerkt, die Säurefehler der Glaselektrode erst in einem Konzentrationsbereich nicht mehr vernachlässigbar, wo eine Konzentrationsbestimmung durch pH-Messung viel ungenauer ist als jedes andere analytische Verfahren, z. B. auch die Leitfähigkeitsmessung [74]. In Abb. 4 ist die Änderung der spezifischen Leitfähigkeit K und des pH-Wertes in starken Säuren und Basen mit der Konzentration (0 bis 3 molar) dargestellt. Die viel stärkere Änderung der Leitfähigkeit gestattet eine wesentlich genauere Konzentrationsbestimmung der Säure bzw. Base als der pH-Wert. Das trifft selbst dann noch zu, wenn gleichzeitig hohe Gehalte an Neutralsalz vorliegen, wie Abb. 5 zeigt. Die pH-Änderungen in 5 M NaCl sind nicht mit eingezeichnet, aber noch geringer.

Selbst in Salzsäure, die den größten Säurefehler zeigt, werden die Fehler, vor allem wenn man schnell mißt, erst bei Konzentrationen über 1 Mol · l^{-1} merklich. In Abb. 6

sind einige Säurefehler (ΔpH) für Salzsäure und Schwefelsäure in Abhängigkeit von der Säurekonzentration dargestellt. Die Kettenspannung wurde etwa 15 Minuten nach Eintauchen der Glaselektrode in die Säurelösung abgelesen. Als Elektrodenglas wurde MAC-INNES-Glas (72% SiO_2, 22% Na_2O, 6% CaO) verwendet. Da der Säurefehler außerordentlich stark mit der Zeit nach dem

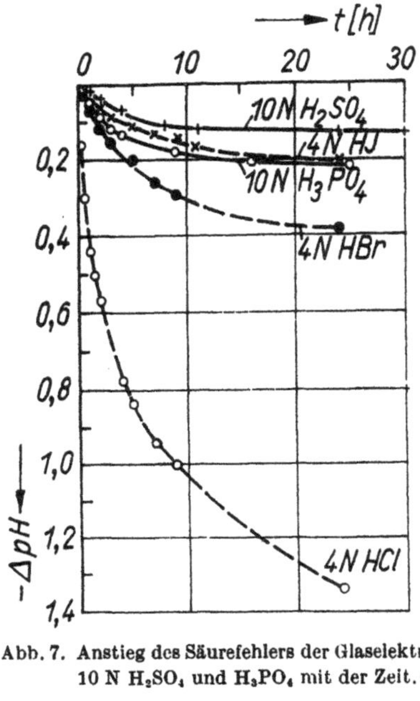

Abb. 7. Anstieg des Säurefehlers der Glaselektrode in 4 N HCl, HBr, HJ und in 10 N H_2SO_4 und H_3PO_4 mit der Zeit. ϑ = 25 °C

Eintauchen der Glaselektrode zunimmt, insbesondere bei Salzsäure, wie Abb. 7 zeigt, kann man ihn nur für eine bestimmte Zeit angeben und eine pH-Messung in solchen konzentrierten Säurelösungen wird dadurch sinnlos. Es kommt hinzu, daß mit steigender Temperatur die Zunahme des Säurefehlers sehr rasch anwächst. In Abb. 8

ist die relative Geschwindigkeit der Änderung der Säurefehler mit wachsender Temperatur dargestellt. Aus diesem Verhalten der Glaselektrode folgt, daß es nicht möglich ist, in wäßriger Lösung starker Säuren bei Konzentrationen über Mol $\cdot l^{-1}$ mit dieser Elektrode zuverlässige pH-Messungen durchzuführen. Man kann zwar durch Verwendung weniger leicht löslicher Gläser den Fehler etwas verringern, in über 1 molarer Salzsäure ist

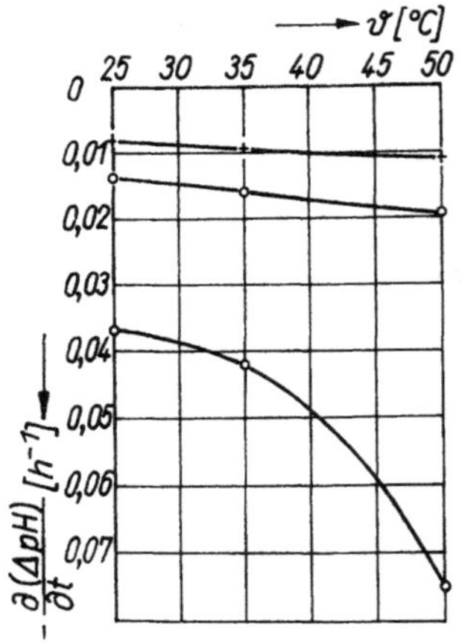

Abb. 8. Zeitliche Änderung des Säurefehlers $\left(-\frac{\partial(\Delta \mathrm{pH})}{\partial t}\,[\mathrm{h}^{-1}]\right)$ von 4 N HCl, HBr und HJ bei $t = 10$ h als Funktion der Temperatur

aber trotzdem keine vernünftige pH-Messung mit der Glaselektrode, vor allem bei höheren Temperaturen, möglich. Aus der pH-Messung auf die Konzentration der betreffenden Säure zu schließen, ist zusätzlich noch deswegen ausgeschlossen, weil bei hohen Ionenstärken der Aktivitätskoeffizient der Wasserstoffionen im allgemeinen sehr viel größer ist als 1 (zum Teil um 2 Größenordnungen), damit ist auch $a_{\mathrm{H}^+} \gg m_{\mathrm{H}} = m_{\mathrm{Säure}}$.

3.3.2.2.2. Alkalifehler

Wie sich aus der NIKOLSKI-Gleichung ergibt, wird ein Fehler durch Alkali-, insbesondere Natriumionen, erst dann merklich, wenn der pH-Wert größer als 9 wird, sofern die Austauschkonstante $K = 10^{-11}$ ist (s. S. 54). Bei den gegenwärtig angebotenen Spezialgläsern wird der Alkalifehler aber erst bei pH = 13 nicht mehr vernachlässigbar, wenn man bei Zimmertempera-

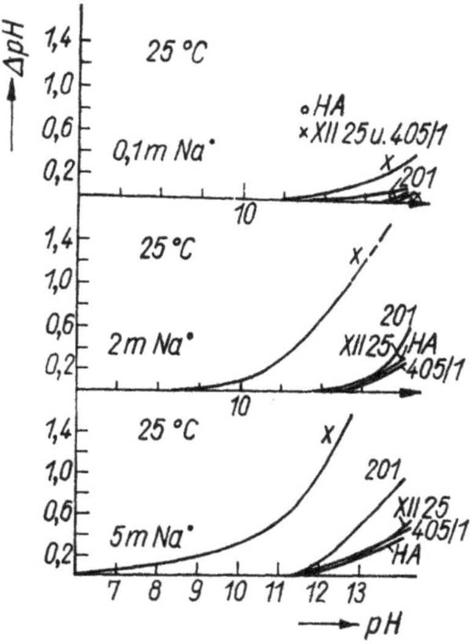

Abb. 9. Vergleich des Alkalifehlers verschiedener Glaselektroden bis pH 14 bei 25 °C und in Lösungen von unterschiedlichem Gehalt an Natriumionen

turen mißt. In Abb. 9 ist der Alkalifehler einer für den Meßbereich pH 0 bis 14 angebotenen Glaselektrode bei Zimmertemperatur in Abhängigkeit vom pH bei verschiedenen Natriumionenkonzentrationen dargestellt. Bei anderen Basen bzw. Kationen ist der Fehler noch viel kleiner. Auch für den alkalischen Bereich, in dem eine

Konzentrationsbestimmung durch pH-Messung noch sinnvoll ist (bei pH = 14 wird die Konzentrationsbestimmung aus dem pH-Wert aus denselben Gründen wie in konzentrierten Säurelösungen sehr ungenau), stehen Glaselektroden für Messungen bei Zimmertemperatur mit vernachlässigbarem Fehler zur Verfügung. Allerdings muß man bei stark alkalischen Lösungen (pH > 11) berücksichtigen, daß die Elektroden u. U. eine zeitliche

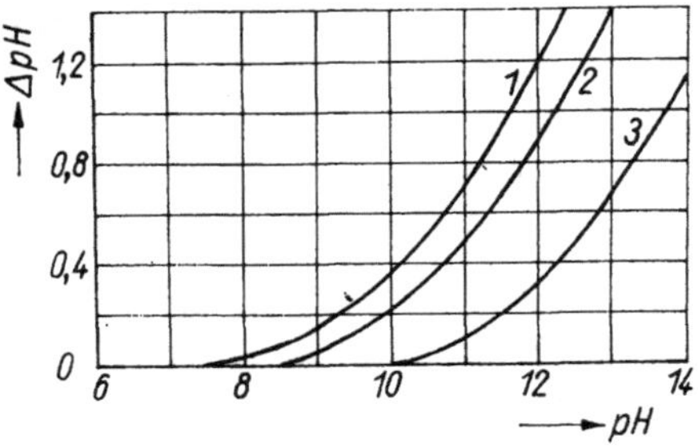

Abb. 10. Alkalifehler einer Li-Cs-Elektrode aus Spezialglas als Funktion des pH-Wertes in Lösungen mit unterschiedlicher Natriumkonzentration bei 80 °C

1 – $M_{[Na^{\cdot}]} = 5$; *2* – $M_{[Na^{\cdot}]} = 2$; *3* – $M_{[Na^{\cdot}]} = 0{,}1$

Potentialänderung infolge der Korrosionswirkung der alkalischen Lösung auf die Glasmembran zeigen. Eine solche Potentialdrift kann, wenn keine wirkliche pH-Änderung z. B. durch die Kohlensäure der Luft eintritt, auch von dem elektronischen Verstärker herrühren. Außerdem kann das „Asymmetriepotential“ der Elektrode einer zeitlichen Veränderung unterliegen (s. S. 65). Bei kontinuierlichen Betriebs-pH-Messungen in stark alkalischen Lösungen ist es jedenfalls notwendig, sich durch Messungen im Laboratorium von Zeit zu Zeit davon zu überzeugen, daß die geschriebenen pH-Werte noch den tatsächlichen gleich sind. Das gilt in verstärktem Maße, wenn die Messungen bei erhöhter Temperatur durchgeführt werden, da der Alkalifehler mit der Temperatur beträchtlich zunimmt, wie Abb. 10 zeigt.

Kontinuierliche Messungen in stark alkalischen Lösungen mit hohen Ionenstärken, insbesondere an Natriumsalzen, sind aus dem genannten Grunde nicht zu empfehlen, abgesehen davon, daß für eine genaue pH-Bestimmung auch die pH-Werte von Pufferlösungen dieses Bereiches bei diesen Temperaturen bekannt sein müßten (s. S. 94).

3.3.2.3. *Das Asymmetriepotential der Glaselektrode*

Grundsätzlich stellt die pH-Messung mit der Glaselektrode eine Vergleichsmessung mit einer Lösung bekannten pH-Wertes dar, die sich auf der Gegenseite der Glasmembran befindet. Wenn der pH-Wert der zu messenden Lösung dem der Vergleichslösung gleich ist, müßte die Potentialdifferenz an der Glasmembran Null sein. Bringt man aber auf beide Seiten der Membran die gleiche Lösung und verwendet gleiche Ableitelektroden, z. B. gesättigte Kalomelelektroden (s. S. 70), so findet man im allgemeinen trotzdem eine Potentialdifferenz, das Asymmetriepotential ε_a. Damit ändert sich Gl. (3.3.16) in

$$\mathrm{pH}_y = \mathrm{pH}_B - \frac{(\Delta\varepsilon - \varepsilon_a)}{F_N}. \qquad (3.3.24)$$

Die Ursachen dieses Asymmetriepotentials liegen in erster Linie in der unterschiedlichen Ausbildung der Quellschicht. Wenn eine frisch geblasene Elektrode in Wasser oder wäßrige Lösungen gestellt und damit gefüllt wird, so braucht die Ausbildung dieser Quellschicht, die für eine schnelle Ausbildung des Phasengrenzpotentials Voraussetzung ist, um so mehr Zeit, je alkaliärmer das Elektrodenglas ist [76] (Tage bis mehrere Wochen). Die heute meist verwendeten Elektrodengläser mit einem Meßbereich bis pH 13 oder 14 sind aber relativ alkaliarm und schwerlöslich. Da nun meistens schon mit Pufferlösung gefüllte Elektroden benutzt werden, ist die innere Quellschicht unter Umständen seit Monaten gebildet, die äußere entsteht jedoch erst beim Wässern. Daher ist gerade bei solchen fertigen Elektroden eine lange Wässerungszeit vor Beginn der ersten Messung besonders wichtig. Wie stark die Geschwindigkeit der Änderung des Asymmetriepotentials von der Glaszusammensetzung

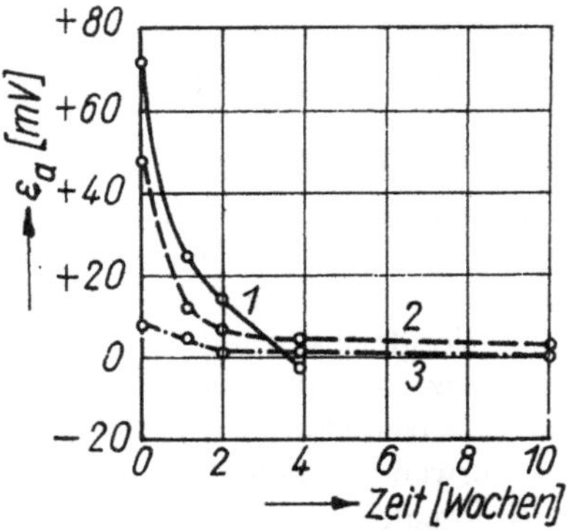

Abb. 11. Änderung des Asymmetriepotentials ε_a mit der Dauer des Wässerns von Elektroden mit unterschiedlichem Na_2O- und BaO-Gehalt, gemessen in 0,1 M HCl bei Raumtemperatur.

Elektrode *1*: 30% Na_2O, 5% BaO, 65% SiO_2
Elektrode *2*: 17,5% Na_2O, 5% BaO, 77,5% SiO_2
Elektrode *3*: 20% Na_2O, 6% BaO, 74% SiO_2

abhängt, wenn die Elektroden z. B. in 0,1 M Salpetersäure gewässert werden, zeigt Abb. 11. Kurve *1* wurde mit einem Glas der Zusammensetzung 30% Na_2O, 5% BaO, 65% SiO_2 erhalten, Kurve *2* mit einem Glas: 17,5% Na_2O, 5% BaO, 77,5% SiO_2 und Kurve *3* mit einem Glas: 20% Na_2O, 6% BaO, 74% SiO_2. Im allgemeinen ist das Asymmetriepotential bei Gläsern mit niedrigem Alkaligehalt und hohem spezifischem Widerstand höher als bei solchen mit hohem Alkaligehalt, wird aber schneller konstant. Man kann die Ausbildung eines stationären Asymmetriepotentials durch Wässern bei erhöhter Temperatur beschleunigen. Andererseits ändert sich das Asymmetriepotential bei hohen Temperaturen und Dauerbeanspruchung beträchtlich und kann nach wochenlanger Dauerbelastung bei 95 °C Werte über 50 mV annehmen, weil die äußere Quellschicht laufend weiter abgebaut wird, während sich die innere Quellschicht mit dem Innenpuffer ins Gleichgewicht setzt, wie Geisler [77] festgestellt hat. Da heute die Messung von Glaselektroden mit einem Widerstand von 1000 MΩ und mehr keine Schwierigkeiten bereitet, verwendet man möglichst dickwandige, bruchsichere Elektroden. Wie Petrovski und Čuta [78] bestätigt haben, wächst aber das Asymmetriepotential und die Zeit bis zur Erzielung eines stationären Wertes mit der Membrandicke. Die glasbläserischen Herstellungsbedingungen scheinen demgegenüber eine untergeordnete Rolle zu spielen. Bei solchen dickwandigen Elektroden ist auch mit einer zeitlichen Veränderung noch während der Betriebszeit zu rechnen. Hinzu kommt, daß für seine genaue Bestimmung die völlige Gleichheit der beiden Ableitelektroden oder die genaue Kenntnis ihrer Potentialwerte Voraussetzung ist. Wenn Diffusionspotentiale auftreten (s. S. 77), sind die Potentiale der Ableitelektrode höchstens auf 1 mV genau bekannt. Für Präzisionsmessungen mit Glaselektroden, insbesondere in Ketten ohne Überführung, ist es daher notwendig, dünnwandige Elektroden (Widerstand = 50 MΩ) zu verwenden, da sie zeitlich konstante Asymmetriepotentiale $\varepsilon_{as} = 2$ mV zeigen, selbst wenn es sich um alkaliarme Gläser handelt. Wegen der Bruchgefahr beim Transport empfiehlt es sich, die Elektroden selbst zu füllen.

Da die kommerziellen Glaselektroden bereits gefüllt, mit der inneren Ableitelektrode versehen und verschlossen sind, kann man ihr Asymmetriepotential nicht bestimmen. Seine zeitliche Änderung kann man aber feststellen, wenn man diese Glaselektroden von Zeit zu Zeit gegen die gleiche Elektrode mißt, z. B. in 0,05 M HCl, Hg_2Cl_2/Hg. Im allgemeinen nehmen die Asymmetriepotentiale mit der Zeit bis zu einem Minimalwert ab, wenn man die Elektroden immer in Wasser aufbewahrt. Beim Austrocknen der äußeren Quellschicht kann ihre irreversible Veränderung zu einer Zunahme des Asymmetriepotentials führen. Grundsätzlich sind die Ursachen für die Asymmetriepotentiale in Unterschieden der chemischen Potentiale in den beiden Quellschichten zu suchen; worauf sie zurückzuführen sind, ist nicht genau bekannt und wohl auch von Fall zu Fall verschieden. Für Präzisionsmessungen wird man dünnwandige Elektroden selbst füllen und das Asymmetriepotential durch Extrapolation eliminieren [79].

3.3.2.4. Ableitelektroden für die Glaselektrode

Die auf beiden Seiten einer Glasmembran auftretenden Phasengrenzpotentiale bzw. ihre Differenz bedürfen zur Messung einer inneren und äußeren Ableitelektrode, wozu meistens Elektroden zweiter Art verwendet werden. Generell empfiehlt es sich, innen und außen die gleichen Elektroden zu verwenden. Bei dieser symmetrischen Ableitung entsteht bis auf eventuell unterschiedliche Diffusionspotentiale keine zusätzliche Potentialdifferenz, wenn beide Bezugselektroden wirklich völlig gleiche Potentiale aufweisen. Das ist vor allem auch deswegen wichtig, weil dann der Temperaturkoeffizient der Ableitelektroden keine Rolle spielt, wenn man bei hohen oder tiefen Temperaturen mißt. Eine solche Kette wäre z. B.

$$\mathrm{Ag/AgCl}(s)\mathrm{KCl(1\,M)}\underset{\varepsilon_{d_a}}{//}\mathrm{pH}_x\mathrm{/Glas/pH}_B\underset{\varepsilon_{d_i}}{//}\mathrm{KCl(1\,M)AgCl}(s)\mathrm{/Ag}. \qquad (3.3.1)$$

Die Diffusionspotentiale ε_{d_a} und ε_{d_i} unterscheiden sich um so weniger, heben sich also um so vollständiger heraus, je weniger sich die Pufferlösung mit pH_B und die unbekannte Lösung mit pH_x in ihrer Ionenstärke und der Art der Ionen unterscheiden. Bei den handelsüblichen, verschlossenen Glaselektroden werden meistens für die innere Ableitung Silber/Chlorsilber-Elektroden verwendet. Wenn man die Pufferlösung mit KCl versetzt (z. B. 0,1 M), kann man die Ag/AgCl-Elektrode direkt in die Pufferlösung einführen und vermeidet dort das Diffusionspotential. Natürlich hebt sich dann ε_{d_a} nicht heraus und dieses Diffusionspotential könnte man nur vermeiden, wenn man auch der unbekannten Lösung die gleiche Molarität an Chloridionen erteilt; das wird im allgemeinen nicht möglich sein. Um Aktivitätskoeffizienten mit Glaselektroden exakt zu bestimmen, muß man allerdings solche Ketten ohne Überführung aufbauen (s. S. 13). Da man die Kettenspannung der Glaselektrode gegen Pufferlösungen bekannten pH-Wertes standardisiert, spielt das Diffusionspotential ε_{d_a} an sich keine Rolle, weil es mit in der gemessenen Kettenspannung enthalten ist. Da es aber selbst pH-abhängig ist, kann es eine nicht genau der NERNSTschen Gleichung entsprechende Steilheit $\frac{\Delta U}{\Delta \mathrm{pH}}$ der Glaselektrode vortäuschen. Außerdem kann bei gleicher Kettenspannung in der unbekannten Lösung und in einer Pufferlösung eine pH-Differenz $pH_B - pH_x$ vorliegen, weil durch stark unterschiedliche ionale Zusammensetzung ein Diffusionspotential ε_{d_a} auftritt, das die durch die pH-Differenz bedingte Potentialdifferenz kompensiert. Insofern bleibt der konventionell mit der Glaselektrode gemessene pH-Wert trotz ihrer exakten Elektrodenfunktion eine Zahl, die kein genaues Maß für die Wasserstoffionenaktivität darstellt.

Bei unsymmetrischer Ableitung, z. B. innen Ag/AgCl-Elektrode, außen Hg/Hg_2Cl_2-Elektrode, spielt zwar die Spannungsdifferenz zwischen den beiden Elektroden an sich auch keine Rolle, weil sie ja bei der Standardisierung mit Pufferlösungen in die Funktion $U = f\,(\mathrm{pH})$ einbezogen wird. Man muß dann aber die Standardisierung für die betreffende Meßtemperatur durchführen, und die pH-Werte der Standardpufferlösungen müssen für diese Temperatur bekannt sein. Eine Umrechnung des pH-Wertes, der bei der Temperatur T gemessen wurde, auf eine Arbeitstemperatur T_a ist zwar schon prinzipiell nicht möglich, weil die Bezugsgröße $\varepsilon_H{}^0$ (Standardpotential der Wasserstoffelektrode) für jede Temperatur gleich Null gesetzt wird und damit zu jeder Temperatur eine Potential- und pH-Skala gehört, sie wird aber besonders fehlerhaft bei asymmetrischen Glasketten, weil die Temperaturkoeffizienten der beiden Ableitelektroden im allgemeinen verschieden sind, ja verschiedene Vorzeichen haben können (über weitere Fragen, die bei der pH-Messung bei verschiedenen Temperaturen zu berücksichtigen sind, s. S. 107).

Prinzipiell können beinahe alle für potentiometrische Messungen geeigneten Bezugselektroden, die von Ives und Janz [80] zusammenfassend dargestellt worden sind, auch als Ableitelektroden für Glasketten verwendet werden. Die vielfach verwendete und auch sehr gut reproduzierbare Hg/Hg_2Cl_2-Elektrode mit verschiedenen Konzentrationen an KCl bietet nicht nur wegen der notwendigen Verwendung einer Platinableitung, die selbst potentialbildend wirken kann [50], Schwierigkeiten, sondern erleidet außerdem schon wenig über Zimmertemperatur ($> 35\,°C$) durch Disproportionierung irreversible Potentialänderungen [80]. Außerdem ist sie gegenüber geringen Dauerbelastungen ($> 10^{-6}$ A cm^{-2}) relativ empfindlich. Dagegen ist nach Lietzke und Stoughton [81] die $Hg/Hg_2SO_4(s)$-Elektrode in Schwefelsäure bis zu Temperaturen über 100 °C reversibel. Für schwefelsaure Lösungen sind auch von Every und Banks [82] eine Anzahl Bezugselektroden vorgeschlagen worden. Sehr sorgfältige Messungen über die Hg/Hg_2Br_2-Elektrode im Temperaturbereich von 0 bis 45 °C stammen von Hills u. Mitarb. [83]. Die Quecksilber/Quecksilber(I)-azetat-Elektrode (Hg/Hg_2Az_2-Elektrode) bietet den Vorteil, daß sie in dem viel verwendeten Azetatpuffer ohne

Diffusionspotential verwendbar ist [76] und sich auch in organischen Lösungen bewährt [84]. Ihr Standardpotential haben COVINGTON u. Mitarb. [85] bei 25 °C zu 511,3 abs. mV bestimmt, SCHWABE und GLÖCKNER [76] hatten ihr Potential in H*Az*/Na*Az*-Puffer nach MICHAELIS zu 851,3 abs. mV bei 25 °C bestimmt, woraus sich der Wert von 510,8 abs. mV für das Standardpotential ergibt. LARSON [86] hat mit der Kette

$$(\mathrm{Pt})\mathrm{H_2}/\mathrm{H}Az(m),\ \mathrm{Hg_2}Az_2(s)/\mathrm{Hg} \qquad (3.3.\mathrm{m})$$

den Temperaturkoeffizienten der Hg/Hg_2Az_2-Elektrode im Temperaturbereich von 5 bis 37,5 °C für verschiedene Essigsäurekonzentrationen und durch Extrapolation auch für die Standardelektrode ($m_+ = f_+ = 1$) bestimmt. (Dabei wird natürlich $\frac{\partial \varepsilon_{\mathrm{H}}}{\partial T} = 0$ gesetzt.)

Das Potential läßt sich nach der Gleichung

$$\varepsilon = a + b\vartheta + c\vartheta^2 \qquad (3.3.25)$$

(ϑ in Grad Celsius) darstellen. Die Konstanten haben dabei für die verschiedenen H*Az*-Konzentrationen bzw. für das Standardpotential ε^0 die in Tab. 5 aufgeführten Werte. Die Hg/Hg_2Az_2-Elektrode läßt sich damit mindestens in diesem Temperaturbereich ebenso zu Präzisionsmessungen verwenden wie etwa die Kalomelelektrode.

Tabelle 5

Konstanten a, b und c zur Berechnung des Potentials der Hg/Hg_2Az_2-Elektrode bei verschiedenen Temperaturen und Essigsäurekonzentrationen (m)

m (Mol kg^{-1})	a	$10^4 b$	$10^6 c$
0,4057	0,80488	5,259	−3,209
0,5217	0,79872	5,361	−3,912
0,7736	0,78955	4,781	−3,354
1,039	0,78281	4,295	−2,846
ε^0	0,52441	−3,754	−5,859

Das Standardpotential bei 25 °C ergibt sich aus Gl. (3.3.20) in sehr guter Übereinstimmung mit dem Wert von COVINGTON zu 511,36 abs. mV.

Mit Silberelektroden zweiter Art vermeidet man zwar die mit der Verwendung eines flüssigen Metalles verbundenen Schwierigkeiten, aber andererseits sind solche Elektroden schwerer streng reproduzierbar herstellbar. Für die am meisten für pH-Messungen benutzte Ag/AgCl-Elektrode haben eine Reihe der bedeutendsten Elektrochemiker [87] schon vor längerer Zeit festgestellt, daß ihr Standardpotential nur auf $\pm 0{,}2$ mV reproduzierbar ist und empfehlen sie mit einer 0,01 molalen HCl-Lösung, deren mittlerer Aktivitätskoeffizient sehr genau bekannt ist ($f_{\pm} = 0{,}904$ kg Mol^{-1} bei 25 °C) zu standardisieren. Inzwischen haben zwei der Autoren [88] sowohl für die Ag/AgCl- wie für die Ag/AgBr- und Ag/AgJ-Elektrode zuverlässige Herstellungsvorschriften und genaue Werte für ihre Standardpotentiale angegeben. Trotzdem wird man für Präzisionsmessungen mit Ketten ohne Überführung in dem Temperaturbereich, in dem sie verwendbar sind, den Quecksilberelektroden den Vorzug geben, da auch bei exakter Einhaltung der Herstellungsvorschriften die Potentialwerte verschiedener Silberelektroden nach eigener Erfahrung stärker streuen als die gleich sorgfältig hergestellten Quecksilberelektroden. In letzter Zeit wurde eine Ag/AgCl-Elektrode entwickelt, die für jede Elektrode auf 0,1 mV reproduzierbare Werte bei gleicher Cl′-Konzentration liefert, wenn die Herstellungsbedingungen genau eingehalten werden [89]. Außerdem ist sie bis zu Temperaturen von 120 °C streng reversibel und zeigt beim Abkühlen keine Hysteresis. Dabei wird AgCl bei gleichzeitiger Zugabe eines Reduktionsmittels gefällt, so daß etwa 50% des AgCl zu Ag reduziert werden und damit ein hochdisperses Gemisch von AgCl und Ag entsteht. Mit diesem Gemisch wird ein Ag-Draht oder ein versilberter Platindraht umpreßt. Die so hergestellte Elektrode wird in gesätt. KCl-Lösung eingesetzt. Das Potentialverhalten einer solchen Elektrode beim Erhitzen und

Abkühlen zeigt Abb. 12. Dieses Herstellungsverfahren hat sich beim Einsatz in sterilisierbaren Elektroden (s. S. 102) bereits gut bewährt. In Tab. 6 sind die Standardpotentiale der drei Silberhalogenidelektroden, die

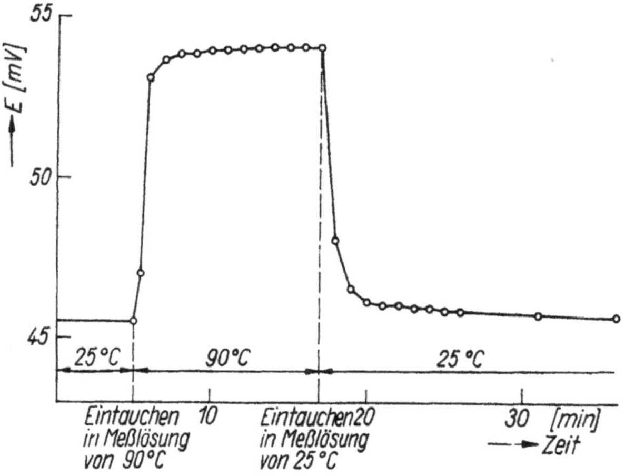

Abb. 12. Potentialgang einer Hochtemperatur-Bezugselektrode (Ableitung: partiell reduziertes AgCl) bei schnellem Temperaturwechsel 25 bis 90 °C und 90 bis 25 °C, gemessen gegen ges. Kalomelelektrode (25 °C)

Tabelle 6

Standardpotentiale der Ag/Ag Hal-elektroden bei 0° bis 50 °C

°C	Ag/AgCl(abs) mV	Ag/AgBr(abs) mV	Ag/AgJ(abs) mV
0	236,55	81,28	−146,37
5	234,13	79,61	−147,19
10	231,42	77,73	−148,22
15	228,57	75,72	−149,42
20	225,57	73,49	−150,81
25	222,34	71,06	−152,44
30	219,04	68,56	−154,05
35	215,65	65,85	−155,90
40	212,08	63,10	−157,88
45	208,35	60,12	−159,98
50	204,49	57,04	−162,19

im National Bureau of Standards USA ermittelt worden sind [90], zusammengestellt. Für Temperaturen über 50°C bis 275°C haben vor allem Lietzke u. Mitarb. [91] die Ag/AgCl- und Ag/AgBr-Elektrode eingesetzt, die Ag/AgJ-Elektrode wurde von Kortüm und Häuser-

Tabelle 7

Standardpotentiale der Ag/Ag Hal-elektroden bei hohen Temperaturen

°C	Ag/AgCl(abs) mV [91]	Ag/AgBr(abs) mV [92]	Ag/AgJ(abs) mV [91]
25	+222,4	+71,2	−152,0
100	+160,0	+18	−192
150	+103,0	−32	−238
200	35,0	−94	−307

mann [92] bis 200°C untersucht. Einige Standardpotentiale bis 200°C sind in Tab. 7 zusammengestellt. Alle diese Werte sind mit Ketten ohne Überführung vom Typ

$$(Pt)H_2/HX,\ AgX(s)/Ag \qquad (3.3.n)$$

(X = Halogenidion) erhalten worden. Damit ist gleichzeitig bewiesen, daß die Wasserstoffelektrode bis zu sehr hohen Temperaturen verwendbar ist, wenn die richtigen Werte für den Wasserstoffpartialdruck eingesetzt werden [91, 92]. Die Werte der Standardpotentiale können benutzt werden, um die Potentiale der Silberhalogenidelektroden in Lösungen beliebiger Halogenidkonzentration zu berechnen, wenn die Konzentration sowie der Aktivitätskoeffizient bekannt sind und keine Komplexbildung des Silbers stattfindet. Diese Voraussetzungen sind im allgemeinen nicht erfüllt, wenn man die Silberhalogenidelektroden direkt in die Pufferlösungen einsetzt, außerdem können eventuell Silbersalze gebildet werden, die schwerer löslich als die betreffenden Halogenide sind. Khairy und Mahgoub [93] haben die Potentiale der Silberhalogenidelektroden bei verschiedenen pH-Werten und Halogenidkonzentrationen in verschiedenen Pufferlösungen untersucht. Sie stellen dabei einen beträchtlichen pH-Einfluß und eine zeitliche Veränderung fest. Die angegebenen Diagramme gestatten allerdings nicht, keinen genauen Potentialwert zu entnehmen. Im allgemeinen werden auch solche Elektroden in einer reinen Halogenidlösung bekannten Gehaltes verwendet, so daß nunmehr ein Diffusionspotential zwischen dieser Lösung und der Meßflüssigkeit bzw. Pufferlösung auftritt, wodurch die genaue Angabe des Potentials der Bezugselektrode aber ebenfalls unmöglich wird. Für Messungen bis 200 °C hat sich als Bezugselektrode für die Pufferlösung in Glaselektroden auch die Ag/Ag*Az*-Elektrode bewährt. Sie kann direkt in der Essigsäureazetatpufferlösung verwendet werden [94].

Wenn man in Ketten vom Typ (3.3.1) das Wasser durch andere, insbesondere organische Lösungsmittel ersetzt, so kann man aus der gemessenen Kettenspannung weder $\mathrm{pH} = -\lg a_{\mathrm{H}^{\cdot}}$ mit dem Bezugszustand $m_{\mathrm{H}^{\cdot}} = f_{\mathrm{H}^{\cdot}} = 1$ in Wasser noch das Potential der Ag/Ag*X*- oder einer beliebigen anderen Elektrode bezogen auf $\varepsilon_{\mathrm{H}} = 0$ in Wasser angeben, weil beide Elektrodenpotentiale vom Lösungsmittel abhängig sind. Die zahlreichen Messungen [95] an solchen Ketten in verschiedenen Solventien, die in den letzten Jahren durchgeführt worden sind, bieten daher keine Möglichkeit, exakte Aussagen über pH-Verschiebungen durch Wechsel des Lösungsmittels zu machen, sie liefern aber Angaben über die Änderung der thermodynamischen Größen der betreffenden Säure, allgemeiner des betreffenden Elektrolyten beim Übergang von Wasser zu dem betreffenden Lösungsmittel [96]. Dabei ist die Frage, welche Ursache die Änderung der freien Standardenthalpie, dargestellt durch den sogenannten primären Mediumeffekt [97] beim Übergang von einem Lösungsmittel zum anderen hat, noch nicht befriedigend geklärt. Die auf Born zurückgehende Annahme, daß die Änderung der Dielektrizitätskonstanten des Lösungsmittels umgekehrt proportional ΔG^0 sein müsse, hat sich nicht bestätigt. Neuerdings [98] ist die Änderung der Wasseraktivität in gemischten Lösungsmitteln als wesentliche Ursache für die Änderung von ε^0 angenommen worden; dabei bleibt natürlich die Frage offen, wodurch ε^0 in völlig wasserfreien Medien bestimmt wird.

Wenn man pH-Werte in organischen Lösungsmitteln mit solchen in wäßrigen Lösungen vergleichen will, so ist es richtiger, eine konventionelle pH-Messung mit einer Wasserstoffelektrode oder einer in Wasser gequollenen Glaselektrode zu machen, d. h. das Potential dieser Elektrode in dem betreffenden Solvens gegen eine wäßrige Bezugselektrode bekannten Potentials zu messen. Die Phasengrenzpotentiale sind nicht größer als die zwischen zwei wäßrigen Lösungen unterschiedlicher Ionenstärke, die Meßgenauigkeit entspricht in bezug auf den pH-Wert also der der konventionellen pH-Messung in wäßrigen Lösungen (s. S. 49).

Bei Verwendung von Glaselektroden ist allerdings zu berücksichtigen, daß die für die Potentialbildung wesentliche Quellschicht auch organische Lösungsmittel aufnimmt [99]; dadurch verändert sich das Phasengrenzpotential, und man mißt dann nicht mehr den pH-Wert, bezogen auf die wäßrige Lösung. Man kann dies dadurch vermeiden, daß die Potentialänderung mit der Zeit verfolgt und auf die Zeit Null extrapoliert wird. Da aber der konventionelle pH-Wert an sich nur als Vergleichszahl angesehen werden muß, kann man natürlich die stationären mit der Glaselektrode gegen eine wäßrige Bezugselektrode gemessenen pH-Werte in dem betreffenden Medium als solche Vergleichszahlen verwenden. Dann müssen die Glaselektroden auch in dem betreffenden Lösungsmittel aufbewahrt werden, während sie zum Vergleich mit der wäßrigen Lösung zwischen den möglichst kurzzeitigen Messungen in Wasser aufzubewahren sind.

Neben den Silberbezugselektroden sind neuerdings auch noch feste Amalgamelektroden in Vorschlag gebracht worden. Von Fricke [100] ist die Thalliumamalgamelektrode mit festem Thalliumchlorid und Kaliumchloridlösung vorgeschlagen worden, die sich bis 135 °C als reversibel erwiesen hat. Feste Cadmiumelektroden zweiter Art lassen sich mit einigen Cd-Salzen solcher organischer Säuren als Bodenkörper herstellen, die in Pufferlösungen verwendet werden. Man kann damit das Diffusionspotential auf der Seite der Pufferlösung vermeiden [101].

3.3.2.4.1. Diffusionspotentiale [102]

Wie schon mehrfach bemerkt wurde, tritt zwischen Meßlösung und Bezugselektrode bei der konventionellen pH-Messung ein Diffusionspotential auf, das eine exakte Bestimmung des pH-Wertes unmöglich macht. Wenn man die Glaselektrode mit ihrer inneren Ableitelektrode als Einheit betrachtet, kann man die äußere Ableitelektrode auch als Bezugselektrode bezeichnen. Tatsächlich lassen sich Diffusionspotentiale zwischen Pufferlösung und innerer Ableitung vermeiden, wenn diese direkt in die Pufferlösung eingeführt wird und letztere eine definierte Konzentration des für die Ableitelektrode potentialbestimmenden Ions enthält. Für Ketten vom Typ:

$$\mathrm{Ag/AgCl,\ KCl//pH}_x\mathrm{/Glas/pH}_B\mathrm{K}A(m)\mathrm{Ag}A\mathrm{/Ag} \qquad (3.3.\mathrm{o})$$

tritt daher im Gegensatz zu Ketten vom Typ (3.3.1) nur ein Diffusionspotential auf, eine auch nur teilweise Kompensation findet nicht statt. Wenn zwei Lösungen des gleichen Elektrolyten verschiedener Konzentration aneinander grenzen, verschwindet zwar das Diffusionspotential, falls die Beweglichkeiten von Kation und Anion gleich sind [103], aber einmal wird dieser einfache Fall bei der praktischen pH-Messung kaum auftreten, zum anderen sind die Beweglichkeiten aller Kationen und Anionen kleiner als die der Ionen des Wassers, auf deren Bestimmung die pH-Messung hinausläuft.

Einerseits hat Picknett [104] die Diffusionspotentiale experimentell in Ketten vom Typ (3.3.o) annähernd aus der gemessenen Spannung bei Verwendung von Lösungen mit genau bekanntem pH-Wert bestimmt. Dabei wurde als äußere Ableitelektrode die gesättigte Kalomelelektrode und als Lösungen mit bekanntem pH äquimolare Mischungen von H*Az* und Na*Az* verschiedener Konzentration sowie von Kaliumhydrogenphthalat verschiedener Konzentration verwendet. Andererseits wurde das Diffusionspotential nach der PLANCK-HENDERSONschen Gleichung

Tabelle 8

Änderung der Kettenspannung der Zelle:

Glaselektrode/Pufferlösung//gesättigte Kalomelektrode mit der Konzentration m

unter der Annahme, daß für $m = 10^{-2}$ $\varepsilon_d = 0$ ist

Puffer	m (Mol kg^{-1})	Gemessene Spannung (mV)	Berechnete Spannung (mV)	Differenz (mV)
Äquimolar an	1	− 1,0	− 6,8	+5,8
CH_3COOH und	10^{-1}	− 3,6	− 5,0	+1,4
CH_3COONa	10^{-2}	0	0	0
	10^{-3}	+ 3,2	+ 3,4	−0,2
	10^{-4}	+10,6	+11,0	−0,4
	10^{-5}	+36,1	+35,7	+0,4
KH-Phthalat	10^{-1}	− 7,1	+10,6	+3,5
	5×10^{-2}	− 4,9	− 7,0	+2,1
	10^{-2}	0	0	0
	10^{-3}	+13,1	+13,3	−0,2
	10^{-4}	+38,9	+39,4	−0,5
	10^{-5}	+75,0	+74,6	+0,4

annähernd berechnet, wobei die Einzelionenaktivitäten aus einer erweiterten DEBYE-HÜCKEL-Gleichung für den individuellen Aktivitätskoeffizienten entnommen wurden (vgl. [1], S. 209). Wie Tab. 8 zeigt, stimmen berechnete und experimentelle Werte, wenn man willkürlich für 0,01 molale Pufferlösung das Diffusionspotential Null setzt, einigermaßen überein. In Tab. 9 sind näherungsweise berechnete Werte für das Diffusionspotential zwischen gesättigter KCl-Lösung und verschiedenen Elektrolytlösungen zusammengestellt. Man sieht daraus, daß die Diffusionspotentiale mit der Verdünnung beträchtlich zunehmen, daß sie auch zwischen KCl-Lösungen verschiedener Konzentrationen keinesweges Null sind und ebensowenig zwischen 10^{-2} molaler H*Az*Na*Az*- bzw.

Tabelle 9

Berechnete Diffusionspotentiale zwischen verschiedenen Lösungen und gesättigter KCl-Lösung

m (Mol kg^{-1})	Äquimolar CH_3COOH + CH_3COONa (mV)	KH-Phthalat (mV)	CH_3COONa (mV)	HCl (mV)	KOH (mV)	KCl (mV)
10^{-2}	3,20	3,49	3,23	2,85	1,92	2,78
10^{-3}	4,15	4,06	4,21	3,97	3,22	3,93
10^{-4}	5,00	4,87	5,27	4,77	4,48	5,02
10^{-5}	5,80	5,78	6,29	5,69	5,75	6,10
10^{-6}	6,72	6,71	7,23	6,70	6,88	7,07
10^{-7}	–	–	–	–	–	7,58

Kaliumhydrogenphthalatlösung, wie in Tab. 8 angenommen wurde. Es ist damit auch nicht möglich, durch Zwischenschalten von „Salzbrücken" mit konzentrierter Kaliumchloridlösung zwischen Meß- und Bezugselektrode die Diffusionspotentiale vollständig zu beseitigen. Selbst wenn die Zusammensetzung der Lösungen, an deren Berührungsstelle ein Diffusionspotential auftritt, genau bekannt ist, stimmt das nach HENDERSON [105] berechnete Diffusionspotential nicht mit dem aus der Kettenspannung und den Einzelelektrodenpotentialen erhaltenen Wert überein [106]. BIANCHI u. Mitarb. [107] haben geprüft, ob man die zur Berechnung nach HENDERSON notwendigen Aktivitätskoeffizienten der diffundierenden Einzelionen aus dem Ansatz von GUGGENHEIM [108] entnehmen kann. Danach kann man für ein Salz *CA* mit dem mittleren Aktivitätskoeffizienten $f_{\pm CA}$ den Aktivitätskoeffizienten f_C bzw. f_A nach

$$n_C \ln f_C = n_A \ln f_A = \frac{n_C + n_A}{2} \ln f_{\pm CA} \quad (3.3.26)$$

„konventionell“ berechnen, wobei n_C bzw. n_A die Zahl der betreffenden Ionen ist. Für die Kette

$$(Pt)H_2/HCl(m)//HBr(m)/H_2(Pt) \quad (3.3.p)$$

ergaben sich Unterschiede für $m_{HCl} = m_{HBr} = 4$ Mol kg^{-1} von etwa 5 mV zwischen Messung und berechnetem Wert.

Solange die Diffusionspotentiale konstant sind, kann man aus der gemessenen Kettenspannung zwar keine Aktivitäten berechnen, man kann aber die Kettenspannung bzw. den daraus nach Gl. (3.3.16) berechneten konventionellen pH-Wert als Vergleichszahl verwenden. Die zeitliche Konstanz der Diffusionspotentiale hängt in hohem Maße von der Verbindungsstelle zwischen den beiden Flüssigkeiten ab. Neben Stopfen aus porösem Material, Zellstoff, Magnesiumoxid, Asbest, Vycorglas [109], die eventuell mit konzentrierter Kaliumchloridlösung getränkt worden sind, sind in den letzten Jahren wie allgemein in der Potentiometrie vielfach Schliffkappen verwendet worden (s. Abb. 13). Solche Schliffkappen an Ableitelektroden haben sich auch bei pH-Messungen im Betrieb gut bewährt [110]. Derartige Verbindungen zwischen zwei Lösungen verschiedener Zusammensetzung und Konzentration stellen allerdings keine gut definierte Phasengrenze mit konstantem Unterschied der beiden Lösungen dar. Um Diffusionspotentiale prinzipiell studieren zu können, müssen die beiden Lösungen möglichst aneinander vorbeiströmen, so daß ihre Zusammensetzung konstant bleibt. Dafür geeignete Anordnungen hat MATTOCK [42] beschrieben; sie sind für praktische pH-Messungen vor allem im Betrieb kaum verwendbar. Die prinzipielle Schwierigkeit,

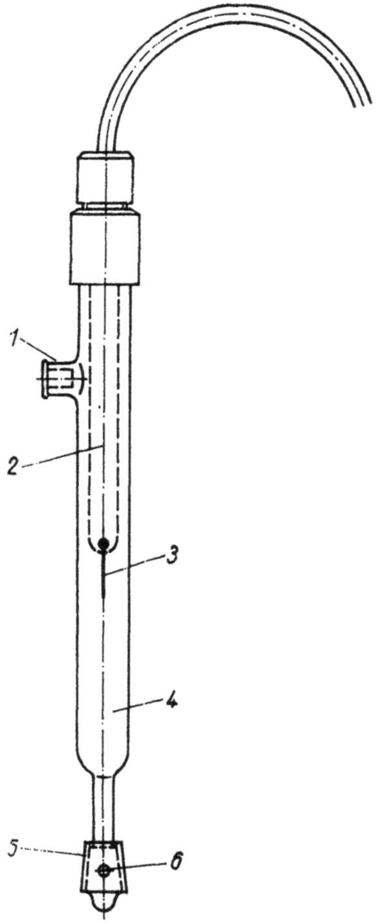

Abb. 13. Silber/Silberchlorid-Elektrode

1 – Nachfüllöffnung; *2* – Kupferdraht; *3* – galvanisch chlorierter Silberdraht; *4* – ges. KCl-Lösung, ges. an AgCl; *5* – Schliffdiaphragma; *6* – Öffnung im Schliffkern daß die Diffusionspotentiale in nicht genau bekanntem Umfang die gemessene Kettenspannung beeinflussen, wird dadurch nicht beseitigt.

3.3.2.5. *Präzisionsmessungen mit der Glaselektrode*

Bestimmungen der Azidität von Lösungen müssen wegen der unbekannten und nicht genau berechenbaren Diffusionspotentiale daher immer mit Ketten ohne Überführung vom Typ (3.3.1) durchgeführt werden und liefern mittlere Aktivitäten $(\sqrt{a_{H^+} \cdot a_{A^-}})$. Daß die Wasserstoffelektrode dafür hervorragend geeignet ist und bis auf 5 µV reproduzierbare Potentiale liefert, ist seit langem bekannt; auch daß Elektroden zweiter Art für solche Ketten zur Verfügung stehen, die eine ähnliche Meßgenauigkeit und Reproduzierbarkeit aufweisen, ist längst nachgewiesen (s. S. 72). Daß auch die Glaselektrode ebenso exakt der Nernstschen Gleichung bei Veränderung der Säureaktivität folgt wie die Wasserstoffelektrode, ist erst in den letzten Jahren mit Hilfe von Ketten ohne Überführung exakt bewiesen worden, nachdem lange Zeit die Meinung vertreten wurde, die Glaskette ändere zwar ihr Potential linear mit dem pH-Wert, die Steigung $\left(\frac{dE}{d\text{pH}}\right)_T$ sei aber vom Nernst-Faktor verschieden, meistens kleiner. Zuerst haben wohl Leonhard und Sibbald [111] mit Nachdruck darauf hingewiesen, daß mindestens im pH-Bereich 4 bis 9 die Glaselektroden genau der Nernstschen Gleichung folgen. Zielen [112] hat aus der Differenz der Kettenspannungen von Kette

$$(\text{Pt})\text{H}_2(1\ \text{atm})/\text{HCl}(m)/\text{Glas} \qquad (3.3.\text{q}^1)$$

und der Kette

$$\text{Ag/AgCl}(s)/\text{HCl}(m)/\text{Glas} \qquad (3.3.\text{q}^2)$$

bei verschiedenen Salzsäurekonzentrationen ($m = 0{,}001$ bis 4 Mol · kg^{-1}) durch Extrapolation das Standardpotential der Ag/AgCl-Elektrode berechnet und bei 25 °C den Wert 0,22235 abs. V gefunden, der ausgezeichnet mit dem Wert 0,22234 V übereinstimmt, den BATES und BOWER [113] mit der Kette

$$(Pt)H_2(1\ atm)/HCl,\ AgCl(s)/Ag \qquad (3.3.r)$$

erhalten haben. Aus diesem Ergebnis und auch daraus, daß die Kettenspannung der Kette (3.3.p) unabhängig von der Salzsäurekonzentration ist, mindestens bei Konzentrationen von 0,5 M, folgt eindeutig, daß die Glaselektrode eine exakte Wasserstoffionenfunktion nach der NERNSTschen Gleichung zeigt. Damit war es auch möglich, Glasketten vom Typ (3.3.q) zur Bestimmung mittlerer Aktivitätskoeffizienten von Säuren und zur Ermittlung von *pw*H-Werten zu verwenden. In allen Fällen hat sich ausgezeichnete Übereinstimmung mit Werten, die auf andere Weise erhalten wurden, ergeben, wenn die Glaselektrode in den Grenzen verwendet wurde, die durch ihren Säure- bzw. Alkalifehler gesetzt sind [114]. Selbst bei hohen Ionenstärken, die durch Neutralsalze erzeugt werden, mißt man mit Ketten vom Typ (3.3.q) *pw*H-Werte, die mit den aus Ketten vom Typ (3.3.r) erhaltenen ausgezeichnet übereinstimmen [115]. Es empfiehlt sich, dünnwandige Glaselektroden zu verwenden, da diese ein sehr niedriges und konstantes Asymmetriepotential haben. COVINGTON und PRUE [114] verwenden Elektroden mit einem Widerstand von $\approx 0{,}5\ M\Omega$ und können dann in Kompensation ohne Verstärkung messen. Auch bei hohen Ionenstärken erfolgt die Potentialeinstellung der Glaselektrode im sauren bis schwach alkalischen Bereich in nur wenigen Minuten; wenn man dagegen vom stark alkalischen Gebiet plötzlich zu sehr viel niedrigeren pH-Werten übergeht, muß mit etwas längeren Einstellzeiten gerechnet werden, vor allem wenn es sich um ungepufferte Lösungen niedrigen pH-Wertes handelt [50]. Mit der Wasserstoffelektrode erhält man dagegen, wie schon bemerkt (s. S. 38) in konzentrierten Elektrolytlösungen erst nach mehreren Stunden eine konstante Potentialeinstellung. Es empfiehlt sich daher, die Elektrode schon längere Zeit vor der Messung in die betreffende Lösung in Wasserstoffatmosphäre einzuführen und wegen ihrer hohen Polarisationsempfindlichkeit in den Kompensationsstromkreis einen hochohmigen Verstärker einzuschalten [116].

*pa*H-Werte kann man mit Ketten ohne Überführung nur im DEBYE-HÜCKEL-Bereich erhalten; bei den niedrigen Ionenstärken und Pufferkapazitäten ist dann aber die Glaselektrode durch die Alkaliabgabe des Glases mit Fehlern behaftet, wenn die Lösung nicht dauernd erneuert wird [117].

Die Präzision der Messung mit der Glaselektrode wird also ebenso wie die mit der Wasserstoffelektrode nicht von der Genauigkeit und Reproduzierbarkeit dieser Elektroden bestimmt, sondern, wenn man damit konventionelle pH-Messungen mit Ketten vom Typ (7.a) und (7.b) durchgeführt, von den Diffusionspotentialen und der Genauigkeit, mit der der pH-Wert der Vergleichspufferlösung bekannt ist. Weil der konventionelle pH-Wert als Vergleichszahl definiert ist (vgl. Tab. 2), muß der pH-Wert mit Pufferlösungen möglichst genau bekannten pH-Wertes standardisiert werden. Da auch die pH-Werte dieser Pufferlösungen kein exaktes Maß für a_{H^-}, sondern als Vergleichszahlen zu bewerten sind, erhält man für verschiedene solche Standardpuffer auch verschiedene pH-Skalen. Wegen der Abhängigkeit der Diffusionspotentiale von der Art der Salzbrücke und ihrer Einbeziehung in die Kettenspannung muß bei der Standardisierung der pH-Werte und der Aufstellung einer pH-Skala auch die Meßkette mit vorgeschrieben werden. Nur so viel sei bemerkt: Wenn man eine Wasserstoff-, Chinhydron- oder Glaselektrode (für Präzisionsmessungen kommen Metallelektroden nicht in Betracht) mit einer Bezugselektrode und eventuell einer Salzbrücke kombiniert (Ketten vom Typ (7.a) und (7.b)) und mißt einmal die Kettenspannung U_V dieser Kombination in einer Pufferlösung mit pH_B und zum anderen bei genau der gleichen Temperatur die Kettenspannung U_x, in der unbekannten Lösung mit pH_x, dann kann man pH_x, nach

$$pH_x = pH_B + \frac{U_x - U_B}{F_N} \qquad (3.3.27)$$

berechnet, als um so genauere Vergleichszahl zu pH_B ansehen, je geringer der Unterschied in der Wasserstoffionenaktivität und der Ionenstärke zwischen der Pufferlösung und der Meßlösung ist. Dieser Unterschied läßt sich natürlich nur sehr klein machen, wenn man pH-Wert und Ionenstärke der zu messenden Lösung schon in etwa kennt. Selbst dann wird es kaum gelingen, das Diffusionspotential auf weniger als 0,5 bis 1,0 mV konstant zu halten, d. h. dieser Vergleich ist auch dann noch um 0,01 bis 0,02 pH unsicher. Wenn große pH-Differenzen zwischen Puffer- und Meßlösung vorliegen, kann der Fehler leicht um eine Größenordnung höher sein. Nur wenn man Lösungen konstanter Zusammensetzung mit geringen Unterschieden in der Wasserstoffionenaktivität mit derselben Pufferlösung ähnlichen pH-Wertes vergleicht, wie etwa bei Blut-pH-Messungen (s. S. 99), kann man den Vergleich mit einer Genauigkeit von 0,002 bis 0,003 pH bei äußerster Sorgfalt durchführen (s. auch [118]).

Natürlich müssen dann auch die entsprechenden Pufferlösungen mit einem so gut reproduzierbaren pH-Wert herstellbar sein. Da heute praktisch alle pH-Messungen in den verschiedensten Laboratorien und Betrieben mit der Glaselektrode durchgeführt werden und damit auf einem Vergleich mit einer Lösung bekannten pH-Wertes beruhen, sind die Pufferlösungen, die als Lösungen schwacher Säuren (bzw. Basen) und ihrer Salze wenig empfindlich gegen Verdünnung oder Verunreinigungen sind, die Grundlage der praktischen pH-Messung und -Regelung. Bei der Herstellung der Pufferlösungen ist der pH-Wert stark von der Reinheit der verwendeten Chemikalien und des Wassers abhängig; häufig sind Unterschiede in den Meßwerten, die für die gleiche zu untersuchende Lösung von verschiedenen Laboratorien festgestellt werden, darauf zurückzuführen, daß ihre Pufferlösungen nicht den angenommenen Wert haben.

4. Pufferlösungen

Zum Vergleich einer unbekannten Lösung mit einer Lösung bekannten pH-Wertes wird man eine solche wählen, die ihren pH-Wert weder durch basische Verunreinigungen, z. B. Alkali aus dem Glas, noch saure, z. B. CO_2 der Luft, oder durch Verdünnung mit Wasser verändert. Am günstigsten sind in dieser Hinsicht äquivalente Lösungen von schwachen Säuren (bzw. Basen) und ihren Salzen [119]. Die Dissoziationskonstanten der betreffenden Säuren oder Basen sollen etwa zwischen 10^{-5} und 10^{-8} liegen [120]. Ihre Pufferkapazität wird durch die Änderung des pH-Wertes bei Zusatz von n Äquivalenten Base bzw. Säure pro l Pufferlösung gemessen.

Dieser „Pufferindex" [121]

$$P = \frac{1}{V} \frac{\Delta n}{\Delta \mathrm{pH}} \qquad (4.1)$$

V = Volumen in l

und der „Verdünnungseinfluß", das ist die Änderung des pH-Wertes ($\Delta \mathrm{pH}_{1/2}$), wenn ein Volumen Pufferlösung mit dem gleichen Volumen Wasser versetzt wird, haben einen Maximal- (P) bzw. Minimalwert. Die Pufferkapazität wächst außerdem mit der gleichen Konzentration von Säure (bzw. Base) und Salz. Um andererseits den pH-Wert der Pufferlösung möglichst weitgehend dem paH-Wert, der ja eigentlich bestimmt werden soll, gleichsetzen zu können, müssen die Ionenstärken im Debye-Hückel-Gebiet liegen, weil man nur dann auf die Ionenstärke Null extrapolieren kann. Auf der Grundlage von Puffern, deren pH-Wert dem negativen dekadischen Logarithmus der Wasserstoffionenaktivität gleichgesetzt werden kann, läßt sich im Prinzip eine pH-Skala aufbauen, die jedem durch Vergleich mit diesen Lösungen gemessenen pH-Wert eine bestimmte Wasserstoffionenaktivität zuordnet. Wenn wir nach BATES [122] den pH-Wert einer solchen Standardpufferlösung mit pH(S) bezeichnen, so gilt in Analogie zu Gl. (3.3.27):

$$\mathrm{pH}_x = \mathrm{pH}(S) + \frac{U_x - U_S}{F_N} \qquad (4.2)$$

Dem liegt die pH-Skala des National Bureau of Standards (NBS, USA) zugrunde, wobei 5 Pufferlösungen im pH-Bereich 3,5 bis 8,83 als genaue Vergleichswerte dienen. Diese Skala mit den entsprechenden Standardpufferlösungen (primäre Standards) ist international übernommen worden. Die britische pH-Skala verwendet nur eine primäre Pufferlösung, nämlich 0,05 M Kaliumhydrogenphthalat-Lösung, die auch vom NBS (USA) benutzt wird, und verwendet auch die Werte des NBS. Die anderen 4 Standardpuffer des NBS werden als sekundäre Puffer in einer Zelle mit einer Wasserstoffelektrode gebraucht:

$$\mathrm{(Pt)H_2/Puffer\ NBS//3{,}5\ M\ KCl//Bezugselektrode} \qquad (4.a)$$

Obwohl die NBS-Puffer sehr sorgfältig ausgewählte und untersuchte Puffersysteme etwa gleicher Ionenstärke sind, erhält man, wenn man sie mit einer Kette vom Typ (4.a) mißt, bestenfalls eine Übereinstimmung von $\pm$ 0,01 pH mit den vom Bureau of Standards auf nachstehend beschriebene Weise gewonnenen Werten.

Wenn man daher beliebige sekundäre Puffer mit der gleichen Kette (4.a) mißt und ihren pH_x errechnet, indem man ihn nach Gl. (4.2) mit pH(S) vergleicht, so kann man zwar diesen pH-Wert, auf die NBS-Skala bezogen, bis auf die 3. Stelle genau angeben, aber keinesfalls behaupten, daß $pH_x = -\lg a_{H^\cdot}$ sei. Vor allem, wenn sich Ionenstärke und pH des betreffenden Puffers sehr stark von dem NBS-Puffer unterscheiden, ist mit größeren Diffusionspotentialen zu rechnen, die bei der Bestimmung der vom NBS angegebenen Werte auf folgende Weise [122] eliminiert wurden, die aber die nach Gl. (4.2) mit Kette (4.a) bestimmten pH_x-Werte zu einer Vergleichszahl ohne exakte physikalische Bedeutung machen:

Mit einer Kette ohne Überführung

$$(Pt)H_2/\text{Standardpuffer, Cl}', \text{AgCl}(s)\text{Ag/Ag} \qquad (4.b)$$

wird aus ihrer Kettenspannung U

$$p(a_{H^\cdot} \cdot f_{Cl'}) \equiv pwH = -\lg(m_{H^\cdot} f_{H^\cdot} f_{Cl'}) = \frac{U - U^0}{F_N} + \lg m_{Cl'} \qquad (4.3)$$

für mehrere Cl'-Konzentrationen bestimmt.

U^0 ist die bekannte Standard-Kettenspannung der Kette

$$(Pt)H_2/H^\cdot, \text{Cl}' \text{ AgCl}(s)/\text{Ag}. \qquad (4.c)$$

Durch Extrapolation auf die Cl'-Konzentration Null (z. B. NaCl) erhält man $p(a_{H^\cdot} \cdot f_{Cl'})^0 \equiv pwH^0$. Da die Ionenstärke der verwendeten Pufferlösungen 0,1 nicht übersteigt, kann man $f_{Cl'}$ nach einer erweiterten Debye-Hückel-Gleichung berechnen. Bates und Guggenheim [123] haben dafür folgende Gleichung (als Konvention) vorgeschlagen:

$$\lg f_{Cl'} = \frac{-A\sqrt{J}}{1 + 1{,}5\sqrt{J}} \qquad (4.4)$$

A ist die Debye-Hückel-Konstante [124] 0,5091 $[l \cdot \text{Mol}^{-1}]^{1/2}$ bzw. wenn die Ionenstärke in Mol kg^{-1} gemessen wird 0,5086 $[\text{kg} \cdot \text{Mol}^{-1}]^{1/2}$, J die Ionenstärke (s. S. 12).

Dann kann man $paH \equiv -\lg a_{H^{\cdot}}$ nach

$$paH = p(a_{H^{\cdot}} \cdot f_{Cl'})^0 + \lg f_{Cl'}$$
$$= p(a_{H^{\cdot}} \cdot f_{Cl'})^0 - \frac{A\sqrt{J}}{1 + 1{,}5\sqrt{J}} \qquad (4.5)$$

berechnen, wenn J aus der Konzentration der Pufferlösung berechnet wird. Auf der Grundlage der Bates-Guggenheim-Konvention kann man somit diese Standardpufferwerte pH(S) gleich dem paH-Wert setzen:

$$\mathrm{pH}(S) \equiv \mathrm{p}a_{H^{\cdot}} \qquad (4.6)$$

Wenn auch dieses Verfahren noch keinen thermodynamisch völlig exakten Wert für $a_{H^{\cdot}}$ liefert (wegen der genannten Konvention), so kann man doch mit Sicherheit annehmen, daß die so erhaltenen Werte ein optimal richtiges Maß für $-\lg a_{H^{\cdot}}$ darstellen.

Neuerdings hat Bates [125] die zur Aufstellung der pH-Skala des NBS (USA) verwendeten Pufferlösungen im Bereich von 0 bis 95 °C überprüft und die pH-Werte bis auf die 3. Stelle angegeben [50]. Bates (l. c.) findet bei Verwendung von Ketten mit Überführung vom Typ

$$(\mathrm{Pt})\mathrm{H_2}/\mathrm{Standardpufferl\ddot{o}sung}\overset{a}{//}\mathrm{KCl}(ges.)\overset{b}{//}\mathrm{Bezugselektrode} \qquad (4.d)$$

durch Vergleich mit der Standardpufferlösung (0,025 M KH_2PO_4 + 0,025 M Na_2HPO_4 – pH = 6,865 bei 25 °C) für die anderen Standardpufferlösungen unter Benutzung von Gl. (4.2) im allgemeinen eine Übereinstimmung mit den in der oben beschriebenen Weise gewonnenen Tabellenwerten besser als 0,01. Dabei wurde allerdings immer die gleiche Form der Flüssigkeitsverbindungen (Querschnitt $a = 0{,}35\ \mathrm{cm}^2$), $b = 3{,}5\ \mathrm{cm}^2$) gewählt. Es spielte keine Rolle, ob die Salzbrücke und gleichzeitig die Kalomelelektrode 3 M, 3,5 M oder gesättigte KCl-Lösung enthielt. Bei Temperaturen über 35 °C traten größere Differenzen auf. Andere Autoren finden bei dem

Vergleich mit solchen Ketten eine weniger gute Übereinstimmung mit den NBS-Werten [118].

Diese Pufferlösungen haben aber eine relativ geringe Pufferkapazität und sind daher gegen Verunreinigungen (Alkali aus dem Glas, NH_3, CO_2) sehr empfindlich, so daß man diese Werte nur bei äußerster Sorgfalt und mit den von Bates verwendeten Ketten reproduzieren kann. Die Alkaliabgabe der Elektrodengläser kann bei Lösungen mit geringer Pufferkapazität bereits zu Fehlern führen, die bei Präzisionsmessungen nicht vernachlässigt werden können. So haben Covington u. Mitarb. [118] festgestellt, daß in 0,025 äquimolarer Na_2HPO_4-KH_2PO_4-Pufferlösung Abweichungen von 0,003—0,005 pH gegenüber der Wasserstoffelektrode auftreten und sie daher als primären Standard für die Glaselektrode, wenn es auf hohe Genauigkeit ankommt, abgelehnt. Bei noch verdünnteren Lösungen nehmen die Fehler tatsächlich zu. Sie sind von der Art des verwendeten Elektrodenglases abhängig, z. B. werden bei bekannten Glaselektroden in der genannten Pufferlösung schon Fehler von 0,01 bis 0,022 pH festgestellt. Da diese Pufferlösungen auch zur Standardisierung von Glaselektroden für die Blut-pH-Messung verwendet werden (s. S. 97) und dabei eine Genauigkeit von 0,003 verlangt wird, muß in diesem Falle Elektrodenglas mit einer möglichst geringen Alkaliabgabe verwendet werden. Andererseits können nach Covington u. Mitarb. [118] bei hohen Ionenstärken in Pufferlösungen Abweichungen bis zu 0,02 pH gegenüber der Wasserstoffelektrode auftreten, die wahrscheinlich auf Alkalifehler der Glaselektrode zurückzuführen sind, da sie der Autor in Lösungen mit pH = 4 nicht beobachtet hat.

Zur konventionellen pH-Messung werden im allgemeinen Pufferlösungen mit höherer Pufferkapazität, aber auch geringerer Reproduzierbarkeit zweckmäßig sein.

Es steht über den pH-Bereich 1 bis 12 eine große Zahl von Puffern, Lösungen schwacher Säuren (bzw. Basen)

Tabelle 10

Zusammensetzung der Grundlösungen für die THIEL-, SCHULZ- und COCH-Puffer

	Grundlösung	Zusammensetzung	Substanzmenge je 1 l Lösung	pH
I	0,2 M	Oxalsäure	25,2134 g $(COOH)_2 \cdot 2H_2O$	1,09
	0,2 M	Borsäure	12,3666 g H_3BO_3	
II	0,2 M	Kaliumdihydrogenphosphat	27,2178 g KH_2PO_4	
	0,2 M	Bernsteinsäure	23,6180 g $(CH_2COOH)_2$	
	0,2 M	Borsäure	12,3666 g H_3BO_3	
	0,2 M	Kaliumsulfat	34,8532 g K_2SO_4	3,05
III	0,2 M	Prim. Kaliumsukzinat	23,6180 g $(CH_2COOH)_2$	
	0,2 M	Dikaliumhydrogenphosphat	27,2178 g KH_2PO_4	
	0,2 M	Borsäure	12,3666 g H_3BO_3, 200 ml 2 N KOH	5,86
IV	0,2 M	Kaliumhydrogenphosphat	27,6180 g KH_2PO_4, 150 ml 2 N KOH	
	0,05 M	Kaliumtetraborat ($K_2B_4O_7 \cdot 8H_2O$)	12,3666 g H_3BO_3	
	0,05 M	Kaliumsulfat	8,7133 g K_2SO_4	9,27
V	0,2 M	Kaliumhydrogenborat	12,3666 g H_3BO_3, 100 ml 2 N KOH	
	0.2 M	Kaliumkarbonat	27,6426 g K_2CO_3	11,48

Tabelle 11

Für biologische Untersuchungen von GOOD u. Mitarb. [129] empfohlene Puffersysteme

Struktur	Bezeichnung	pK_a bei 20°C	ΔpK_a	ges. Lösung bei 0°C (M)
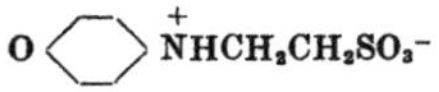	MES	6,15	0,011	0,65
$H_2NCOCH_2\overset{+}{N}H(CH_2COO^-)(CH_2COONa)$	ADA	6,6	0,011	–
	PIPES	6,8	0,0085	–
$H_2NCOCH_2\overset{+}{N}H_2CH_2CH_2SO_3^-$	ACES	6,9	0,020	0,22
$(CH_3)_3{\equiv}\overset{+}{N}CH_2CH_2\overset{+}{N}H_3\cdot 2Cl^-$	Cholaminchlorid	7,1	0,027	4,2[1]
$(HOCH_2CH_2)_2{=}\overset{+}{N}H_2CH_2CH_2SO_3^-$	BES	7,15	0,016	3,2
$(HOCH_2)_3{\equiv}\overset{+}{N}H_2CH_2CH_2SO_3^-$	TES	7,5	0,020	2,6
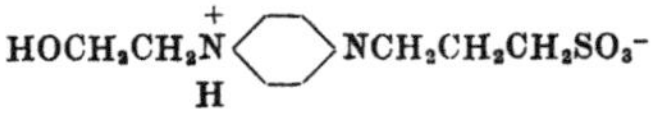	HEPES	7,55	0,014	2,25
$H_2NCOCH_2\overset{+}{N}H_2CH_2COO^-$	Acetamidoglycin	7,7	–	sehr groß
$(HOCH_2)_3{\equiv}C\overset{+}{N}H_2CH_2COO^-$	Tricin	8,15	0,021	0,8
$H_2NCOCH_2NH_2$	Glycinamid	8,2	0,029	4,6[1]
$(HOCH_2)_3{\equiv}CNH_2$	Tris	8,3	0,031	2,4
$(HOCH_2CH_2)_2{=}\overset{+}{N}HCH_2COO^-$	Bicin	8,35	0,018	1,1
$H_3\overset{+}{N}CH_2CONHCH_2COO^-$	Glycylglycin	8,4	0,028	1,1

[1]) als Hydrochlorid

mit ihren Salzen zur Verfügung, deren pH-Wert hinreichend genau bekannt ist und die eine relativ große Ionenstärke und Pufferkapazität besitzen [50]. Auch Pufferlösungen mit über einen großen pH-Bereich konstanter Ionenstärke sind entwickelt worden [7, 50], was z. B. für elektrodenkinetische, insbesondere polarographische Untersuchungen wichtig ist. Die Pufferlösungen nach THIEL, SCHULZ und COCH [126] sind zwar insofern bequem, als man Pufferlösungen mit ganzzahligen pH-Werten erhält, ihre Pufferkapazität ist aber vor allem in mittleren pH-Bereichen sehr gering. Durch Vergrößerung der Konzentration sind auf der Grundlage der Stammlösungen dieser Puffer Puffergemische mit erhöhter Pufferkapazität hergestellt und ihre pH-Werte bestimmt worden [127]. In Tab. 10 sind die wichtigsten Gemische und ihre pH-Werte zusammengestellt.

Für biologische Messungen werden vor allem Pufferlösungen im neutralen Bereich benötigt, dafür sind Amine mit ihren Hydrochloriden gut geeignet. Neben dem von BATES [128] für pH 7 bis 9 empfohlenen Tris-Puffer (0,1 molal Tris(hydroxymethyl)aminomethan + HCl) haben GOOD u. Mitarb. [129] 12 Puffersysteme aus Aminosäuren bzw. Aminen (pH 6,15 bis 8,35) für biologische Untersuchungen vorgeschlagen und ihre biologischen Nebenwirkungen untersucht. Danach ist „Hepes“ (s. Tab. 11) biologisch indifferenter als Tris. In Tab. 11 sind diese Puffersubstanzen, die *pK*-Werte und ihr Temperaturkoeffizient angegeben. Das amphotere „Hepes“ wird in 0,1 molarer Lösung eingesetzt und hat einen pH von 7,55 bei 20 °C. Für die Blut-pH-Messung wird allgemein die etwa äquimolale Lösung von Na_2HPO_4 und KH_2PO_4 verwendet, ihr pH-Wert liegt bei der üblichen Meßtemperatur von 38 °C bei 6,840. Zur möglichst genauen Standardisierung ist noch eine zweite Lösung notwendig, die 0,008695 molal an KH_2PO_4 und 0,03043 molal an Na_2HPO_4 ist. Ihr pH-Wert ist bei 38 °C 7,384. Wenn die Fehler, wie gefordert, nicht größer als 0,003 pH sein sollen, müssen die Puffersubstanzen sehr genau eingewogen werden. Wie NEUMANN und GEISLER [130] gezeigt haben, ruft schon ein Wägefehler von 10 mg pro kg H_2O eine pH-Abweichung von etwa 0,004 hervor (bei pH 7,384). Die Temperaturkoeffizienten dieser Lösungen sind ebenfalls ziemlich groß, so daß die Standardisierung der Glaselektrode möglichst bei der Meßtemperatur erfolgen sollte (über den Einfluß der Glaselektroden auf den pH-Wert s. oben).

Da die Wasserstoffionenaktivität auf die Standardwasserstoffelektrode normiert und deren Potential für alle Temperaturen Null gesetzt wird, ist eine Umrechnung von pH-Werten von der Meßtemperatur auf eine andere Temperatur im Prinzip nicht möglich. Man braucht daher Pufferlösungen, deren pH-Wert bei verschiedenen Temperaturen gemessen und bekannt ist. PETERSEN [131] hat durch Vergleich mit den primären Standardpuffern des NBS für eine Reihe von „technischen" Pufferlösungen die pH-Werte bis 95 °C bestimmt und in Diagrammen dargestellt (s. Abb. 14). Die meisten praktisch verwendeten Pufferlösungen sind in einem kleineren Temperaturbereich gemessen [62] und nicht auf die primären Standards bezogen worden. Für Temperaturen bis 150 °C haben KRJUKOV, PERKOVEZ, STARESTINA und SMOLJEKOV [132] die pH-Werte einiger äquimolarer Mischungen von schwachen Säuren mit ihren Salzen angegeben. Für noch höhere Temperaturen kann man die von LIETZKE u. Mitarb. [133] mit der Wasserstoffelektrode bis 275 °C bestimmten pH-Werte von Salzsäure verschiedener Konzentrationen verwenden, zumal er auch das Standardpotential der Ag/AgCl-Elektrode in diesem Bereich bestimmt hat. Eine Reihe weiterer Pufferlösungen ist mit der Kette (6.a) bis zu 200 °C gemessen worden (Tab. 12).

In den letzten Jahren hat die pH-Messung vor allem mit Glaselektroden nicht nur im klinischen und biologischen Laboratorium immer stärkeren Eingang gefunden, sondern sie wird auch zur Prozeßkontrolle in

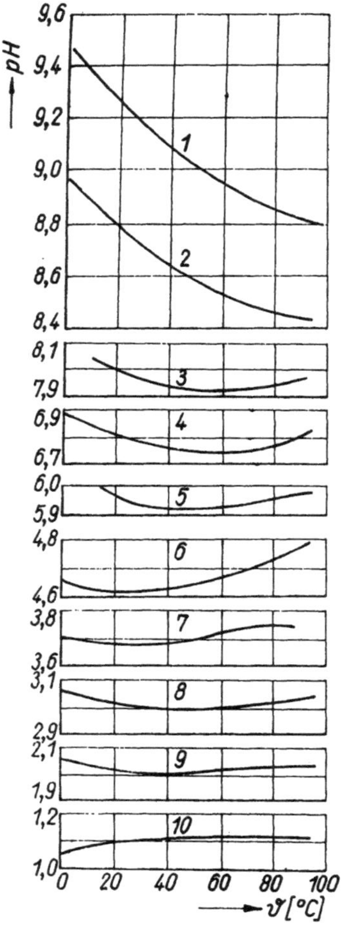

Abb. 14. Temperaturverlauf der pH-Werte verschiedener technischer Pufferlösungen nach O. PETERSEN

1 – Borsäure – NaOH; *2* – Borsäure – Borax; *3* – Phosphat 8; *4* – Zitronensäure – Phosphat; *5* – Phosphat 6; *6* – Standardazetat; *7* – Glykolsäure – NaOH; *8* – Glykokoll 3; *9* – Glykokoll 2; *10* – 0,1 N HCl

Tabelle 12

pH-Werte verschiedenartiger Pufferlösungen von 25 bis 200 °C

°C	25	40	60	80	100	120	140	160	180	200
0,01 M HCl	2,04	2,05	2,05	2,05	2,05	2,05	2,06	2,06	2,06	2,07
KH-tartrat gesättigt bei 25 °C	3,56	3,54	3,56	3,61	3,68	3,77	3,89	4,04	4,04	—
0,1 N CH_3COOH / 0,1 N CH_3COONa [a]	4,62	—	4,65	4,67	4,70	4,79	4,88	4,97	—	—
0,01 N CH_3COOH / 0,01 N CH_3COONa [a]	4,72	4,73	4,76	4,78	4,82	4,91	4,99	5,08	5,19	5,35
0,01 M $Na_2B_4O_7$	9,18	9,07	8,96	8,89	8,82	8,76	8,69	8,63	8,59	8,56

[a]) Innere Pufferlösung für die Glaselektrode

vielen Anlagen der technischen Mikrobiologie zur Herstellung von Antibiotika, Alkohol, Eiweiß aus Erdöl usw. eingesetzt. Auf die besonderen Anforderungen an die Meßeinrichtungen und -verfahren im biologisch-medizinischen Bereich wird im folgenden Kapitel eingegangen.

5. pH-Messungen in Biologie und Medizin

In Biologie und Medizin wird die pH-Messung fast ausschließlich mit Glaselektroden durchgeführt, weil die in den biologischen Substraten immer vorhandenen Redoxsysteme die Messung mit anderen Elektroden stören und spektralphotometrische Methoden oft wegen der Eigenfärbung der Substrate Schwierigkeiten bieten, abgesehen davon, daß sie sich nicht so leicht automatisieren lassen wie die potentiometrischen. An die pH-Meßtechnik werden hier eine Reihe von besonderen Anforderungen gestellt. Einmal sind oft die Flüssigkeitsvolumina, die zur Messung zur Verfügung stehen, extrem klein, bei in-vivo-Messungen werden zusätzliche Anforderungen an Abschirmung und Isolierung gestellt, andererseits werden vielfach durch Hitze sterilisierbare Meßketten benötigt und schließlich wird vor allem im medizinischen Bereich eine extrem hohe Reproduzierbarkeit gefordert. Diese Forderungen haben zur Entwicklung von Elektrodenformen und Meßketten geführt, die in anderen Anwendungsgebieten der pH-Messung nicht gebräuchlich sind.

Glasmikroelektroden für kleinste Flüssigkeitsmengen können in der Weise hergestellt werden, daß die meßfähige Membran möglichst klein gemacht wird, indem man sie z. B. auf eine Kapillare aus nicht meßfähigem Glas aufschweißt, oder daß man die zu messende Flüssigkeit in eine dünne Kapillare aus Elektrodenglas einsaugt. In diesem Fall muß natürlich die Quellschicht auf der

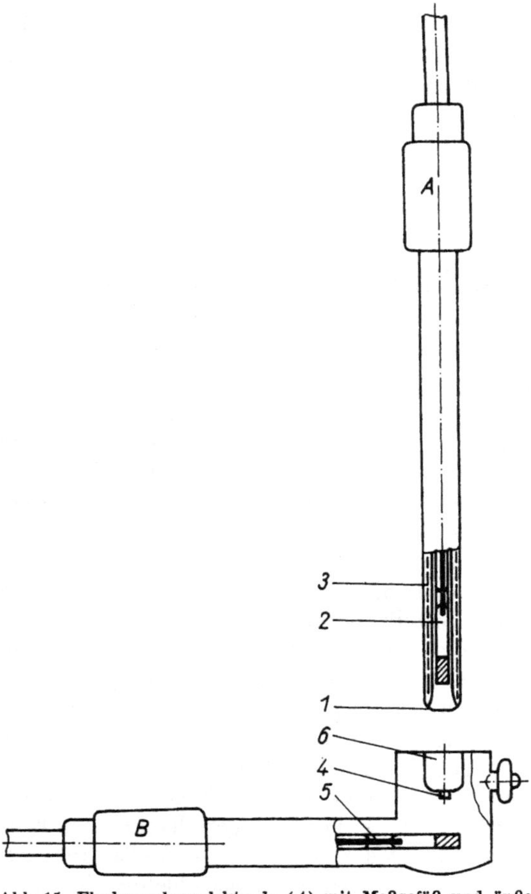

Abb. 15. Flachmembranelektrode (*A*) mit Meßgefäß und äußerer Ableitelektrode (*B*)

1 – Elektrodenmembran; *2* – innere Potentialableitelektrode; *3* – Abschirmung; *4* – Diaphragma; *5* – äußere Ableitelektrode; *6* – Meßgefäß

Außenseite der Kapillare mit einer Pufferlösung bekannten pH-Wertes umgeben werden. Bei beiden Formen der Mikroelektroden bietet die in die Meßlösung tauchende Bezugselektrode gewisse Schwierigkeiten. Einerseits muß die Verbindungsstelle mit der Meßflüssigkeit so klein wie möglich sein, andererseits darf keine Lösung aus der Bezugselektrode bzw. der Salzbrücke in die Meßlösung dringen, weil wegen ihres geringen Volumens und eventuell niedriger Pufferkapazität dadurch eine pH-Änderung hervorgerufen werden könnte. Im ersten Fall ist es vorteilhaft, die als Spitze oder kleine plane Membran ausgeführte Glaselektrode in ein kleines Gefäß einzuführen, das gleichzeitig am Boden die Zuführung zur äußeren Ableitelektrode enthält (Abb. 15). Man kann bei solchen Anordnungen mit Meßvolumina von 0,05 *ml* auskommen. Unter Verwendung einer planen Membranelektrode als Einstabmeßkette, bei der sich die Bezugselektrode im Schaft befindet und durch einen kleinen porösen Stift mit der Meßlösung verbunden ist, läßt sich diese auch thermostatieren und im Durchfluß durch den Meßraum, der auch kleiner als 0,1 *ml* sein kann, führen. Man kann diese Art der Elektroden im Prinzip auch für in-vivo-Messungen verwenden, wenn man die Kapillaren in den Kreislauf der Organflüssigkeit einbaut.

Kapillarelektroden werden in den verschiedensten Formen hergestellt. Eine relativ einfache Form, die auch eine Art Einstabmeßkette darstellt, und bei geeignetem Kapillarendurchmesser nur 20 μl benötigt, ist in Abb. 16 wiedergegeben. Natürlich läßt sich diese Kette auch thermostatieren. Man darf allerdings nicht übersehen, daß bei einer solchen Elektrode das Verhältnis von Elektrodenoberfläche zu Volumen der Meßlösung sehr groß ist ($\approx$ 1000) und damit die pH-Verschiebung durch Alkaliabgabe des Glases bei ungepufferten Lösungen kaum auszuschließen ist. Für die Messung des pH-Wertes von Blut, die zur Überwachung des Säure-Basen-Gehaltes insbesondere auch bei Erkrankungen, Operationen usw. große Bedeutung erlangt hat [134], haben sich solche Kapillarglaselektroden, weil sie das Blut anaerob zu entnehmen gestatten, sehr gut bewährt. Eine von ASTRUP verwendete, speziell für die Ermittlung des Blut-pH entwickelte Kette [135] zeigt Abb. 17. Diese Elektroden werden auch benutzt, um den CO_2-Gehalt

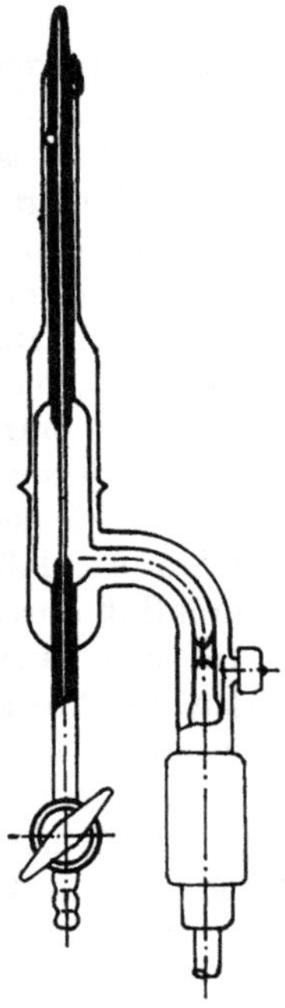

Abb. 16. Kombinierte Kapillar-Glaselektrode

des Blutes zu bestimmen [134]. Dazu wird das Blut, dessen pH-Wert zuvor bestimmt worden ist, mit Gasgemischen von CO_2 und O_2 bei verschiedenen Partialdrücken des CO_2 ins Gleichgewicht gebracht und der pH-Wert erneut bestimmt. Aus der so erhaltenen $\lg p_{CO_2}$-pH-Geraden kann man dann den CO_2-Druck entnehmen, der zu dem originalen pH-Wert des betreffenden Blutes gehört. Nomogramme zur Errechnung des Säure-Basen-Status aus pH-Messungen bei verschiedenen CO_2-Drücken hat ANDERSEN aufgestellt [136], die allgemein Eingang in klinische Laboratorien gefunden haben.

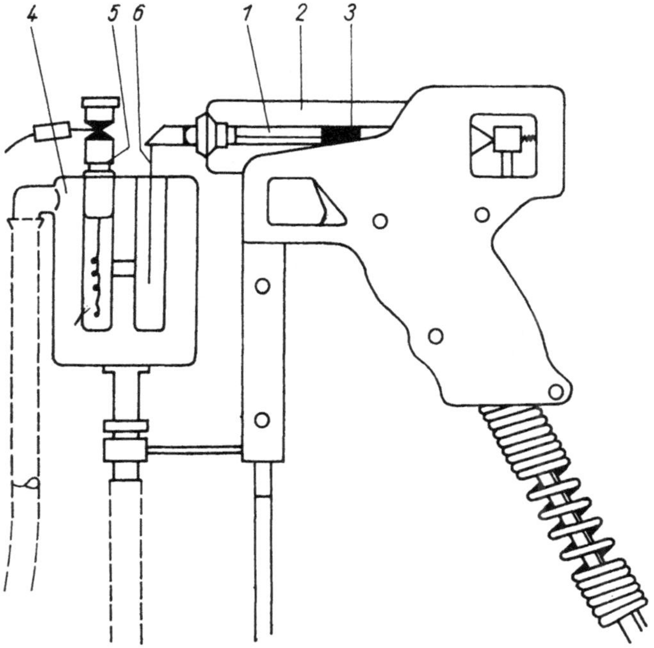

Abb. 17. Temperierbare Kapillarelektroden-Meßkette für Präzisionsmessungen im Blut

1 — Kapillarglaselektrode; *2* — Temperiergefäß; *3* — Abgeschirmte innere Ableitelektrode; *4* — Temperierbare Elektrolytbrücke; *5* — Äußere Bezugselektrode; *6* — Plastkapillare zum Ansaugen des Blutes

Spezielle Mikromethoden zur Bestimmung von Bikarbonat im Plasma und des Blut-pH sind auch von FREIER, CLAYSON und BENSON [137] vorgeschlagen und die Ergebnisse mit berechneten oder nach anderen Methoden erhaltenen Werten verglichen worden.

Eine Übersicht über Ultramikroglaselektroden mit selektiver Ionenempfindlichkeit, wobei minimale Meßvolumina von 0,1 *ml* angegeben sind, findet sich bei von Stackelberg [138].

Bei biologisch-medizinischen Untersuchungen müssen die verwendeten Geräte meist sterilisiert werden. Wenn die Sterilisation durch Erhitzen auf 120 °C vorgenommen werden soll, bieten geschlossene Glaselektroden im allgemeinen keine Schwierigkeiten, weil sie den dabei entstehenden Überdruck aushalten und auch Gläser zur Verfügung stehen, die durch Behandlung bei einer solchen Temperatur ihre Meßfähigkeit in keiner Weise einbüßen [139]. Hg/Hg_2Cl_2-Ableitelektroden sind dagegen nicht verwendbar, da sie irreversible Potentialänderungen durch Disproportionierung des Hg_2Cl_2 zeigen. Meistens werden dafür Ag/AgCl-Elektroden verwendet, auch Ag/Ag-Azetat-Elektroden haben sich gut bewährt. Eine speziell dafür geeignete Ag/AgCl-Elektrode, die keinerlei Hysteresiserscheinungen nach Abkühlung auf Zimmertemperatur zeigt, hat Ingold [140] vorgeschlagen. Die früher beschriebene (s. S. 72) Ag/AgCl-Elektrode mit in Suspension partiell reduziertem Silberchlorid hat ihre Reversibilität bei Hitzesterilisation ebenfalls bewiesen. Auf dieser Grundlage werden zwei Typen von sterilisierbaren Einstabmeßketten hergestellt, die sich auch beim Einbau in technische Fermentoren bereits bewährt haben. Diese Einstabketten können entweder mit hitzebeständigen Kabeln ausgerüstet werden, die dann mit sterilisiert werden (s. Abb. 18), oder aber sind mit Steckkopf versehen, so daß gewöhnliche Gummikabel verwendet werden können (s. Abb. 19). Um die Einstabketten leichter in Armaturen einbauen zu können wird der seitliche Arm zum Nachfüllen von KCl-Lösung stark verkürzt [141].

Die in die Meßflüssigkeit tauchende Bezugselektrode führt in biologischen Substraten, insbesondere wenn sie kolloidale Stoffe enthalten, die die Ionenbeweglichkeit stark beeinflussen, oft durch Diffusionspotentiale, durch

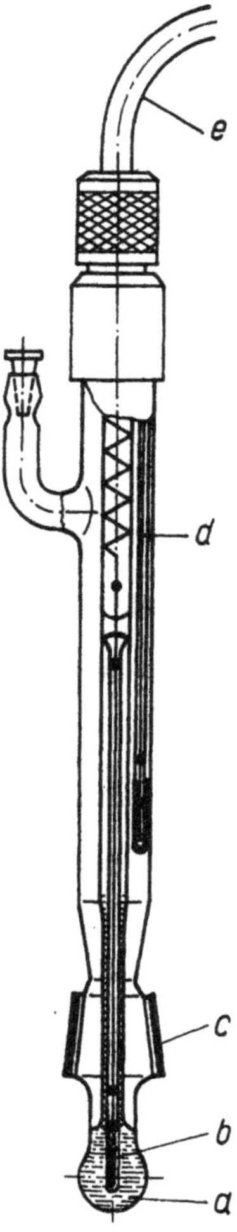

Abb. 18. Sterilisierbare Einstabmeßkette mit hitzebeständigem Kabel

a — Kugelglasmembran; *b* — innere Referenzelektrode; *c* — Schliffdiaphragma; *d* — äußere Referenzelektrode; *e* — hitzebeständiges Kabel

Ausflockung infolge Einbringens des Elektrolyten in die Meßflüssigkeit usw., zu Störungen. Aus diesem Grunde ist vorgeschlagen worden [142], zwei Glaselektroden mit verschiedener Steilheit zu verwenden, d. h.

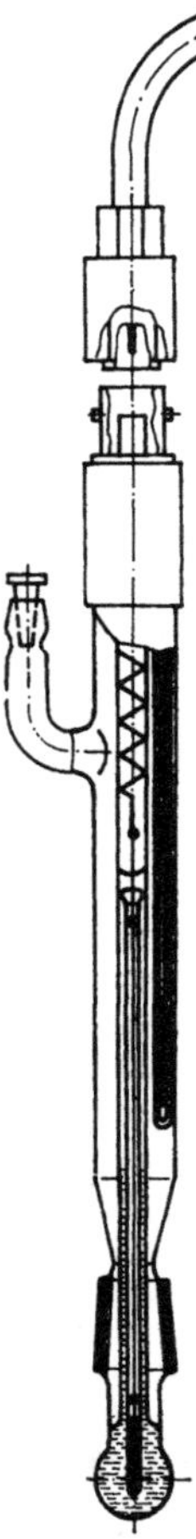

Abb. 19. Sterilisierbare Einstabmeßkette mit Steckverbindung

die äußere Ableitelektrode durch eine Glaselektrode mit geringerer Steilheit zu ersetzen. Prinzipiell entsteht dann eine Potentialdifferenz, die der Differenz in der Elektrodensteigung proportional ist und in jedem Fall kleiner ist als unter Verwendung einer Elektrode zweiter Art als äußere Ableitelektrode. Dadurch wird die Meßgenauigkeit herabgesetzt, außerdem ist es schwierig, Ketten mit sehr geringem Bedarf an Meßlösung aufzubauen. Vor allem aber ist es notwendig, die Konzentration an anderen Kationen, insbesondere Na^+, in der

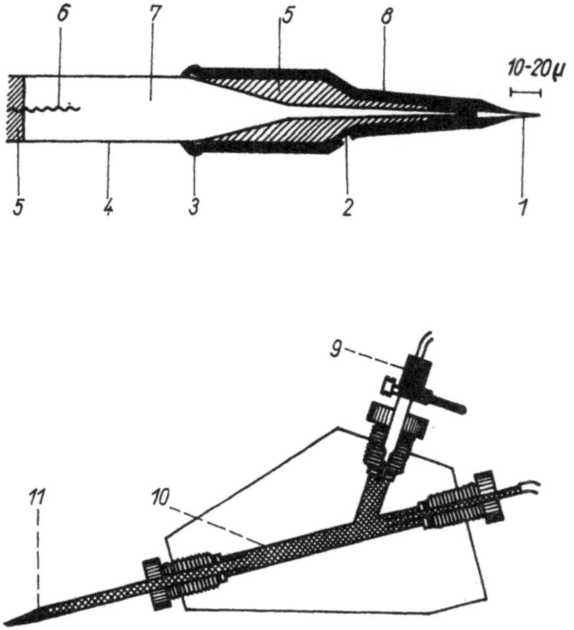

Abb. 20. Mikroglaselektrode mit separater Mikrobezugselektrode für Anwendung in vivo

1 – sensitive Spitze; *2* – pH-Glas; *3* – Kitt; *4* – Pyrex-Glas; *5* – Öl; *6* – Ag/AgCl; *7* – 0,01 N HCl; *8* – Polystyrol-Überzug; *9* – Kalomelelektrode; *10* – 3 M KCl (gefärbt); *11* – Bezugselektrode

Meßlösung zu kennen, bzw. konstant zu halten. Denn die Elektroden mit geringerer Steigung pro pH sind, wie eingehende Untersuchungen gezeigt haben [143], immer kationensensitiv und zeigen daher nur die erforderliche Konstanz bei konstantem pH, wenn die Alkaliionenkonzentration sich nicht ändert.

Zur Einführung in Organe von biologischen Objekten ist kürzlich eine „Mikroglaselektrode für die Anwendung in vivo“ beschrieben worden, deren Meß-Spitze nur eine Länge von 10—20 μm und eine Dicke von 1 μm hat [144]. Ihre Herstellung und Verwendung wird ausführlich beschrieben. Als äußere Ableitelektrode wird eine Kalomelelektrode, die im seitlichen Ansatz einer mit gefärbter KCl-Lösung gefüllten Mikropipette sitzt, deren Spitze ebenfalls in das Organ eingeführt ist, verwendet (Abb. 20). Es wird bei Messungen in Pufferlösungen eine Reproduzierbarkeit von ±0,01 pH, bei in-vivo-Messungen von 0,03 pH angegeben. Das wird aber nur zu erreichen sein, solange die Polystyrolschicht nicht durch Elektrolyt unterwandert wird, was bei längerer Benutzungsdauer erfahrungsgemäß sehr schwer zu vermeiden ist. In diesem Fall mißt man einen Mittelwert zwischen dem pH an der Spitze der Elektrode, die in die Meßlösung taucht, und einem pH des Elektrolyten unter der Polystyrolschicht, der sich durch die Alkaliabgabe des Glases allmählich verändert.

pH-Messungen in Tumoren von lebenden Tieren mit Mikroglaselektroden beschreiben Scheid und Kunze [145].

Für pH-Messungen auf der Haut, am Auge usw. eignen sich Meßketten mit flacher Membran, wie sie zur pH-Messung von Papier und Folien dienen (s. S. 161).

In biologischen Substraten wird es oft wichtig sein, den pH-Wert konstant zu halten, z. B. um den Einfluß anderer Parameter auf die biologischen Prozesse studieren zu können. So beschreiben Soltero und Lee [146] einen relativ einfachen Apparat, bei dem eine Glas-Kalomelelektroden-Kombination die Zufuhr von CO_2-angereicherter Luft (9,5% bzw. 9,2% CO_2) so steuert, daß der pH-Wert zwischen 6 und 9 auf ±0,1 pH in Algenkulturen konstant gehalten wird, dabei wird ein eindeutiges Maximum der Wachstumsgeschwindigkeit bei pH = 7 festgestellt.

Für die Aufrechterhaltung eines konstanten pH-

Wertes unter Laboratoriumsbedingungen, d. h. in kleinen Volumina, sind verschiedenartige Anordnungen als sogenannter pH-Stat beschrieben worden. Sie unterscheiden sich prinzipiell nicht von technischen pH-Regelanlagen [147], nur erfolgt die Zugabe der Säure oder Base zur Aufrechterhaltung des Sollwertes mittels einer Injektionsspritze oder dergleichen. Ein elektromechanischer pH-Stat wird von Cotmar und Smith [148] beschrieben. Die Glaselektrodenkette ist an einen elektronischen pH-Meßverstärker angeschlossen; dessen Ausgang steuert über einen weiteren Verstärker den Motor des Injektionsmechanismus so, daß die Differenz der Spannung der Glaskette gegen einen vorgegebenen Sollwert, der dem einzuhaltenden pH entspricht, immer 0 bleibt. Für die einzelnen zu regelnden pH-Bereiche werden verschiedene Neutralisationsmittel verwendet. Die Regelgenauigkeit wird mit $\pm 0,05$ pH angegeben. Sehr ausführlich beschreiben Malmstadt und Piepmeier [149] einen pH-Staten, der gleichzeitig eine digitale Anzeige liefert. Man erhält eine pH-Konstanz von 0,002 pH, obwohl das Gerät im wesentlichen aus im modernen Laboratorium gebräuchlichen Einheiten aufgebaut ist. Die Autoren haben eine Mikropipette entwickelt, die sich automatisch füllt, entleert und photoelektrisch gesteuert wird. Die pH-Indikation erfolgt mit einer Glas-Kalomelelektroden-Kombination. Es wurde der Einfluß des automatisch konstant gehaltenen pH auf verschiedene Enzymreaktionen untersucht. Das Gerät eignet sich aber auch gut für automatische Säure-Basen-Titrationen.

6. pH-Messungen bei extremen Temperaturen und Drücken

In Kap. 4. sind Pufferlösungen zur Standardisierung von pH-Werten bei hohen Temperaturen und im Abschn. 3.3.2.4. Ableit- bzw. Bezugselektroden für solche Bedingungen angegeben worden.

Wenn man mit „isothermen“ Ketten arbeitet, sich also Meß- und Bezugselektrode auf gleicher Temperatur befinden, so muß die Kettenspannungsdifferenz linear mit der Temperatur steigen:

$$\Delta U = (U_x - U_B) = KT\,(\mathrm{pH}_x - \mathrm{pH}_B);\ K = \frac{2{,}303\,R}{F}. \tag{6.1}$$

Wenn die Messung mit einer symmetrischen Glaskette durchgeführt wird und der Innenpuffer der Glaselektrode einen temperaturunabhängigen pH-Wert hat, so ist die Kettenspannung unabhängig von der Temperatur Null, falls die Meß- oder Pufferlösung den pH-Wert der Innenlösung hat und das Asymmetriepotential Null ist. Bei unsymmetrischen Glasketten, wie sie in der Praxis meistens verwendet werden, gibt es unter den gleichen Voraussetzungen und der weiteren Annahme, daß sich die Gesamtspannung einschließlich von eventuell auftretenden Asymmetrie- und Diffusionspotentialen linear mit der Temperatur ändert, einen pH_{is}-Wert, bei dem die Kettenspannung unabhängig von der Temperatur ist, d. h. die Spannungs-pH-Geraden für alle Temperaturen schneiden sich in einem Punkt mit den Koordinaten pH_{is} und U_{is} [150]. Aus der Spannung am „Isothermenschnittpunkt“ und dem zugehörigen pH_{is}-Wert kann man den pH-Wert für eine beliebige Temperatur aus der Kettenspannung U_T nach:

$$\mathrm{pH}_T = \mathrm{pH}_{is} + \frac{U_{is} - U_T}{F_N} \tag{6.2}$$

berechnen. Damit ist die auf den Isothermenschnittpunkt bezogene Kettenspannung ΔU der Temperatur proportional mit der Steigung

$$\frac{d\Delta U}{dT} = \frac{2{,}303\,R}{F} = 0{,}1983\ \mathrm{mV\,K^{-1}}.$$

Somit ist man bei Betriebsmessungen, wo die Temperatur des Meßgutes häufig schwankt, in der Lage, eine automatische Temperaturkompensation durchzuführen, indem man z. B. mit Hilfe eines Widerstandsthermometers den Spannungsanstieg durch einen mit der Temperatur entsprechend wachsenden Widerstand ausgleicht. Natürlich muß diese Temperaturkompensation der betreffenden Kette angepaßt werden und ist nur für diese verwendbar. Außerdem treffen aber die gemachten Prämissen nie streng zu. Der pH des Innenpuffers ist temperaturabhängig, die einzelnen Potentialdifferenzen einschließlich des Asymmetrie- und Diffusionspotentials sind nicht linear von der Temperatur abhängig, sie können eventuell sogar ihr Vorzeichen ändern [151]. Das erkennt man schon daraus, daß kein exakter Isothermenschnittpunkt mit genau definiertem pH_{is} und U_{is}, sondern nur ein mehr oder weniger großer Schnittbereich auftritt. Aus dem Grunde ist es nur möglich, geringe Temperaturschwankungen ($\approx$ 10 °C) zu kompensieren; für genaue Messungen bei hohen Temperaturen sollte man symmetrische, isotherme Ketten verwenden und die pH-Abhängigkeit des Innenpuffers berücksichtigen. Dann kann man natürlich Gl. (6.1) mit dem für die betreffenden Temperaturen gültigen Nernst-Faktor: $\frac{2{,}303\,RT}{F}$ verwenden. Noch viel kritischer ist die Verwendung von nicht isothermen Ketten, wenn etwa die Bezugselektrode (bzw. die äußere Ableitelektrode der Glaselektrode) auf Zimmertemperatur gehalten wird und die Meßelektrode sich auf hohen Temperaturen befindet. Die konstante Temperaturdifferenz zwischen beiden Elektroden führt zu zeitlich veränderlichen Thermodiffusionsspannungen, die bis zu 0,6 mV K^{-1} betragen können, und unter Umständen erst nach relativ langer Zeit zu einem stationären Wert E_{st}. Die Zeitkonstante ϑ in Gl. (6.3), in der E_0 einen Anfangswert bedeutet,

$$E_t = E_{st} + \frac{8}{\pi^2}(E_0 - E_{st}) \cdot e^{-t/\vartheta}, \qquad (6.3)$$

wächst mit dem Quadrat der Länge des Diffusionsweges und ist umgekehrt proportional dem Diffusionskoeffizienten [152], ihre Berechnung ist unter praktischen Bedingungen kaum möglich. Es ist auch aus diesem Grunde nicht wahrscheinlich, daß man bei großen Temperaturintervallen mit einem Isothermenschnittpunkt rechnen kann, wie dies oft geschieht, um als Bezugselektrode die $Hg/Hg_2Cl_2(s)$-Elektrode verwenden zu können [153]. Da in der Ag/AgCl-Elektrode und der Ag/Ag-Azetat-Elektrode Bezugselektroden zur Verfügung stehen, die sich bis zu hohen Temperaturen reversibel verhalten (s. S. 72), sollte man keine nichtisothermen Ketten einsetzen.

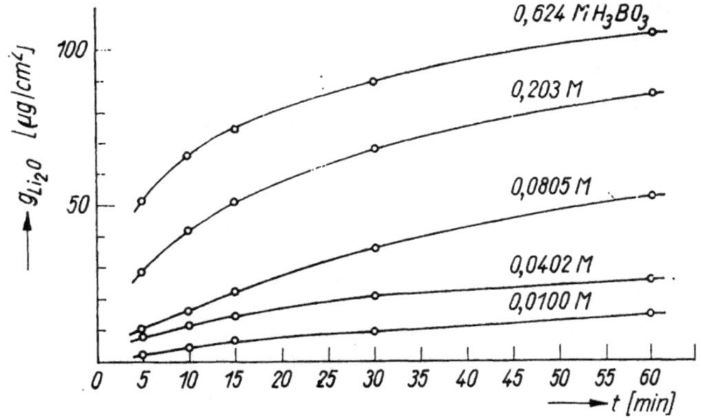

Abb. 21. **Alkalibeständigkeit von Lithiumglas in Abhängigkeit von der Zeit und der Borsäurekonzentration ($\vartheta = 160\,°C$)**

pH-Messungen bei hohen und eventuell auch tiefen Temperaturen und Drücken können zur Bestimmung von Dissoziationskonstanten als Temperaturfunktion und damit auch der freien Standardenthalpie, der Dissoziationswärme und -entropie verwendet werden. Thermodynamisch exakte Werte erhält man mit Ketten ohne Überführung [154], dann allerdings auch nur *pt*H- bzw.

*pw*H-Werte. Durch nicht thermodynamische Zusatzannahmen kann man auch zu *pa*H-Werten gelangen. Man kann zwar, wie früher bemerkt, die Diffusionspotentiale bei Verwendung von Ketten mit Überführung durch Salzbrücken nicht völlig eliminieren, aber doch soweit reduzieren, daß sich die Dissoziationskonstanten in Abhängigkeit von der Temperatur einigermaßen zuverlässig bestimmen lassen. Bei Verwendung von Glasketten für solche Zwecke macht sich die Alkaliabgabe der Elektrodengläser störend bemerkbar, die bei schwachen Säuren und geringem Elektrolytvolumen zu beträchtlichen pH-Änderungen führen kann. Trotzdem ist der pH-Wert von wäßrigen Borsäure-Lösungen und deren Dissoziationskonstanten bis zu Temperaturen von 200 °C mit Glasketten bestimmt und mit den aus Leitfähigkeitsmessungen erhaltenen Werten für die Dissoziationskonstante verglichen worden [155]. Dazu wurde die symmetrische Glaskette

$$\begin{array}{c}\mathrm{Ag/Ag}Az(s),\ \mathrm{Na}Az(0{,}1\ \mathrm{M})\ \mathrm{H}Az(0{,}1\ \mathrm{M})//\mathrm{KNO_3}(3{,}8\ \mathrm{M})// \\ \mathrm{H_3BO_3/Glas/Na}Az(0{,}1\ \mathrm{M}),\ \mathrm{H}Az(0{,}1\ \mathrm{M})\mathrm{Ag}Az(s)/\mathrm{Ag}\end{array} \qquad (6.\mathrm{a})$$

(Az = Azetat) verwendet. Eine Abschätzung der Diffusionspotentiale ergab für Normaltemperatur etwa 2 mV, bei sehr hohen Temperaturen sollten sie wegen der geringen Unterschiede in den Ionenbeweglichkeiten kleiner sein. Daß man bei Verwendung von Salzbrücken unter diesen Bedingungen brauchbare Werte erhalten kann, hat Le Peintre [156] gezeigt, indem er die von Lietzke u. Mitarb. [133] mit Ketten ohne Überführung erhaltenen pH-Werte für HCl mit der Kette

$$\mathrm{(Pt)H_2/HCl(0{,}01\ M)//KCl//HCl(0{,}1\ M)/H_2(Pt)} \qquad (6.\mathrm{b})$$

bis 200 °C bestimmt und Übereinstimmung mit einer maximalen Abweichung von 0,05 pH festgestellt hat. Mit der Kette wurden die pH-Werte einiger Pufferlösungen bis

Tabelle 13

pK_a-Werte von Borsäure bestimmt durch Leitfähigkeitsmessungen (kond.) und pH-Messungen (pH) bei unterschiedlichen Konzentrationen m und Temperaturen ϑ

ϑ (°C)	m (Mol · kg^{-1})	0,0100	0,0201	0,0301	0,0502	0,0402	0,0603	0,0805
25	kond.		9,41				9,25	9,16
	pH		9,22				9,19	9,17
60	kond.	9,42	9,26				9,06	
	pH	9,46	9,56				8,90	
80	kond.	9,21		9,06	9,19	9,12	9,07	8,99
	pH	9,54		9,20	9,22	9,12	9,09	8,93
100	kond.	9,31	9,07				8,92	
	pH	9,20	9,20				9,13	
120	kond.	9,16	9,14		9,03		8,94	8,73
	pH	9,06	9,32		9,22		9,00	8,96
140	kond.		9,39				9,02	
	pH		9,37				9,14	
160	kond.	9,30			9,17		9,09	9,07
	pH	9,50			9,30		9,17	9,00
180	kond.		9,22					
	pH		9,69					
200	kond.						9,19	
	pH						9,45	

Tabelle 13 (Fortsetzung)

ϑ (°C)	m (Mol · kg⁻¹)	0,1008	0,152	0,203	0,306	0,411	0,517	0,624	0,788
25	kond.			8,76	8,52	8,22	7,97	7,76	7,49
	pH			8,73	8,33	7,95	7,71	7,51	7,22
60	kond.	8,96		8,78		8,33		7,94	
	pH	8,86		8,49		8,08		7,91	
80	kond.	8,97	8,93		8,55	8,40		8,02	7,80
	pH	8,92	8,94		8,53	8,13		7,78	7,41
100	kond.	8,95				8,37		7,97	7,75
	pH	9,06				8,57		8,08	7,77
120	kond.	8,95	8,96	8,67		8,44		8,13	7,92
	pH	9,07	8,67	8,83		8,31		7,97	7,82
140	kond.	9,00		8,78		8,47		8,23	7,96
	pH	9,07		8,67		8,75		8,34	7,91
160	kond.	9,09		8,85		8,59		8,34	8,03
	pH	8,86		8,67		8,54		8,35	8,13
180	kond.	9,29		8,86		8,67			8,13
	pH	9,45		8,75		9,00			8,13
200	kond.	9,24		9,04				8,54	8,14
	pH	9,13		8,90				8,36	8,30

200 °C zur Standardisierung der Glaselektrode bestimmt[1]) (s. Tab. 12, S. 96). Auf diese Weise ließ sich die Temperaturabhängigkeit des Asymmetriepotentials und des pH des Innenpuffers eliminieren. Zur Ausschaltung einer pH-Veränderung durch CO_2 wurde mit völlig deionisiertem Wasser und unter Stickstoff gearbeitet. Obwohl ein für hohe Temperaturen geeignetes Elektrodenglas [157] verwendet wurde, bereitete die Alkaliabgabe des Glases Schwierigkeiten. Sie wurde für das verwendete Lithiumglas in Borsäurelösungen verschiedener Konzentration bestimmt. Ihre Zunahme mit der Borsäurekonzentration und der Zeit ist für 160 °C in Abb. 21, ausgedrückt in µg Li_2O/cm^2, dargestellt. Mit der Temperatur steigt die Alkaliabgabe etwa exponentiell an [155]. Sie gestattet die dadurch hervorgerufene pH-Änderung abzuschätzen, wenn man aus der Alkaliabgabe zu einer Zeit t und der als bekannt vorausgesetzten Dissoziationskonstanten K_c die Wasserstoffionenkonzentration abschätzt. Dieser Weg war im Prinzip möglich, weil K_a und K_c aus Leitfähigkeitsmessungen ermittelt wurden. Um aber K_a direkt aus den pH-Messungen zu gewinnen, wurden diese auf die Zeit Null extrapoliert, bzw. auf einen Anfangszeitpunkt, bei dem die Alkaliabgabe noch keine merkliche pH-Verschiebung hervorruft. Da die graphische Extrapolation und aus K_c erhaltene pH-Fehler bis auf 0,02 pH übereinstimmen, lassen sich beide Methoden als gangbar ansehen. Die nach dem Extrapolationsverfahren erhaltenen pH-Werte wurden zur Berechnung der pK_a-Werte für Borsäure von 25 bis 200 °C und verschiedene Konzentrationen benutzt. Wie Tab. 13 zeigt, ist die Übereinstimmung mit den aus Leitfähig-

---

[1]) Die zunächst verwendeten molaren Konzentrationen (c) wurden wegen der auf Molalitäten bezogenen pH-Skala auf m (Mol · kg^{-1}) umgerechnet. Das konnte bei den geringen Ionenstärken nach $c \approx m\varrho_{H_2O}$ (ϱ_{H_2O} = Dichte des Wassers) geschehen. Unter 100 °C ist der Unterschied vernachlässigbar, bei 140 °C beträgt er 0,03 und bei 200 °C 0,06 pH-Einheiten, wenn man entsprechend setzt:

$$pa\mathrm{H}_{(m)} = pa\mathrm{H}_c + \log \varrho_{H_2O}$$

keitsmessungen erhaltenen Werten befriedigend, die Unterschiede sind offensichtlich nicht auf die Alkaliabgabe des Glases zurückzuführen, da sie bei hohen Temperaturen nicht wesentlich anwachsen. Die starke Konzentrationsabhängigkeit von $pK_a \equiv -\lg K_a$ ist auf die Bildung von Polyborsäuren bei hohen Konzentrationen zurückzuführen [158], bei hohen Temperaturen findet eine Depolymerisation und damit eine Zunahme von pK_a statt. Die Messungen wurden in einem Autoklaven durchgeführt, wobei die Glaselektrode, die ohne Bruch Drücke von 2,83 MPa ($\approx$ 25 atm) aushielt, in einer Stopfbuchse saß. Solche Anordnungen haben sich auch bei anderen Messungen unter hohem Druck bewährt [159]. Allerdings sinkt die Lebensdauer der Glaselektroden infolge des verstärkten Angriffes durch die Meßflüssigkeit und die Pufferlösung im Inneren exponentiell mit der Temperatur. Andererseits fällt aber auch der Widerstand des Glases exponentiell mit der Temperatur, so daß man sehr dickwandige Elektroden verwenden und dadurch auch bei Temperaturen von $\geqq$ 200 °C eine Lebensdauer von 15 bis 20 Tagen im Dauerbetrieb erzielen kann.

Die Bezugselektrode stellt eine vereinfachte Form der früher vorgeschlagenen Bezugselektrode für hohe Drücke [160] mit Druckausgleich dar und hat sich ebenfalls vielfach bewährt [159], z. B. bei der pH-Messung in Zuckerlösungen bei über 100 °C (Abb. 22), die Potentialableitung erfolgte über die Kontakte einer Zündkerze.

Praktische Bedeutung hat die pH-Messung mit der Glaselektrode bei hohen Temperaturen in der Zellstoffindustrie, wo bei der Herstellung des Sulfitzellstoffes mit der pH-Änderung der Verlauf des Holzaufschlusses beurteilt werden kann. Gleichzeitig haben sich wichtige Schlußfolgerungen über den Mechanismus der Auflösung des Lignins ergeben. Neben den schon beschriebenen isothermen Ketten unter Verwendung von Bezugselektroden mit Druckausgleich [159] sind auch andere Elektrodenanordnungen verwendet worden. Eine von

INGRUBER [161] vorgeschlagene, mit Wasser gekühlte Kalomelelektrode, bei der durch Stickstoffüberdruck das Eindringen von Kocherlösung verhindert werden sollte, hat sich wegen häufiger Unterbrechung des Stromes durch Dampfblasen am Kapillarenende des Stromschlüssels nicht bewährt [162]. Ebenfalls mit

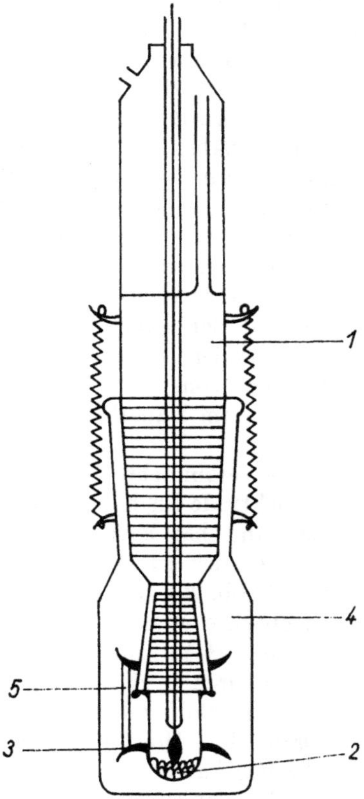

Abb. 22. Silber/Silberazetat-Bezugselektrode

1 – Standardazetat, mit CH_3COOAg gesättigt; *2* – CH_3COOAg, festes Salz; *3* – Platindraht, versilbert; *4* – KNO_3-Lösung, gesättigt; *5* – Platinverbindung

Überdruck, aber isotherm, arbeitet eine von WIRZ [163] für solche Messungen vorgeschlagene Kette. Im allgemeinen scheint aber den Bezugselektroden mit Druckausgleich neuerdings der Vorzug gegeben zu werden, auch die Glaselektroden werden für die Anwendung unter sehr hohen Drücken mit einem Druckausgleich versehen. So

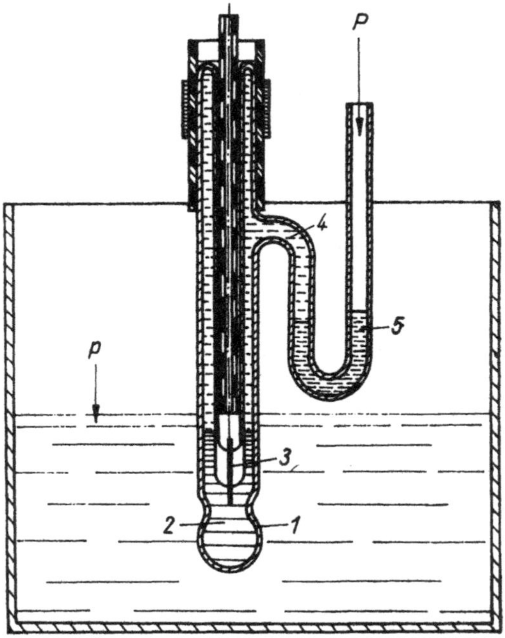

Abb. 23. Druckausgleich nach LE PEINTRE

1 – Glasmembran; 2 – HCl-KCl-Lösung; 3 – Ag/AgCl-Elektrode; 4 – Silikonöl; 5 – Quecksilber

hat LE PEINTRE [156] eine vollständig mit Pufferlösung und Silikonöl gefüllte Elektrode mit einem seitlichen U-Rohr, in dem Hg den Druckausgleich übernahm, verwendet (Abb. 23), während sich eine mechanische Stabilisierung mit Metallüberzügen [164] oder Füllung mit

Bleiamalgam [165] wegen der bekannten stark verzögerten und unsicheren Potentialeinstellung [166] solcher Elektroden offenbar nicht als günstig erwiesen hat. Zweifellos ist die direkte pH-Messung in Reaktionsbehältern der chemischen Industrie bei hohen Temperaturen und Drücken für die Betriebskontrolle ungemein wertvoll,

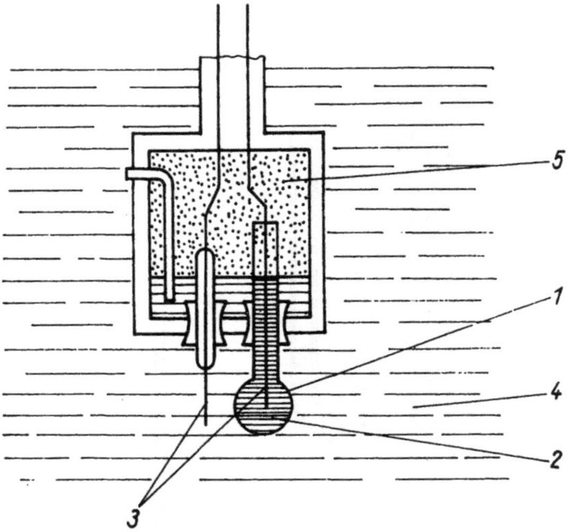

Abb. 24. Überdruckbeständige Zelle nach DISTÈCHE

1 – Glaselektrode; *2* – 0,1 N HCl; *3* – Ag/AgCl-Ableitelektrode; *4* – Seewasser; *5* – Silikonflüssigkeit

Abb. 25. Tiefseesonde mit Glaselektrode von DISTÈCHE und DUBUISSON

1 – Glaselektrode; *2* – 0,1 N HCl; *3* – Ag/AgCl-Elektrode; *4* – Silikonöl; *5* – Dichtungsmuffe; *6* – Perspex-Plastzylinder; *7* – Entlüfter, verschlossen; *8* – Druckausgleichsöffnung; *9* – Araldit; *10* – 0-Ring; *11* – Bronze-Blei-Durchführung; *12* – Pyrotenax-Kabel; *13* – Ringkontakte; *14* – Araldit; *15* – bewegliche Verschlußkappe; *16* – Seewasser; *17* – Stahlzylinder; *18* – Perspex-Plastkappe; *19* – Glas-Ag/AgCl-Elektrode; *20* – Filterpapierstopfen; *21* – rostfreier Stahl

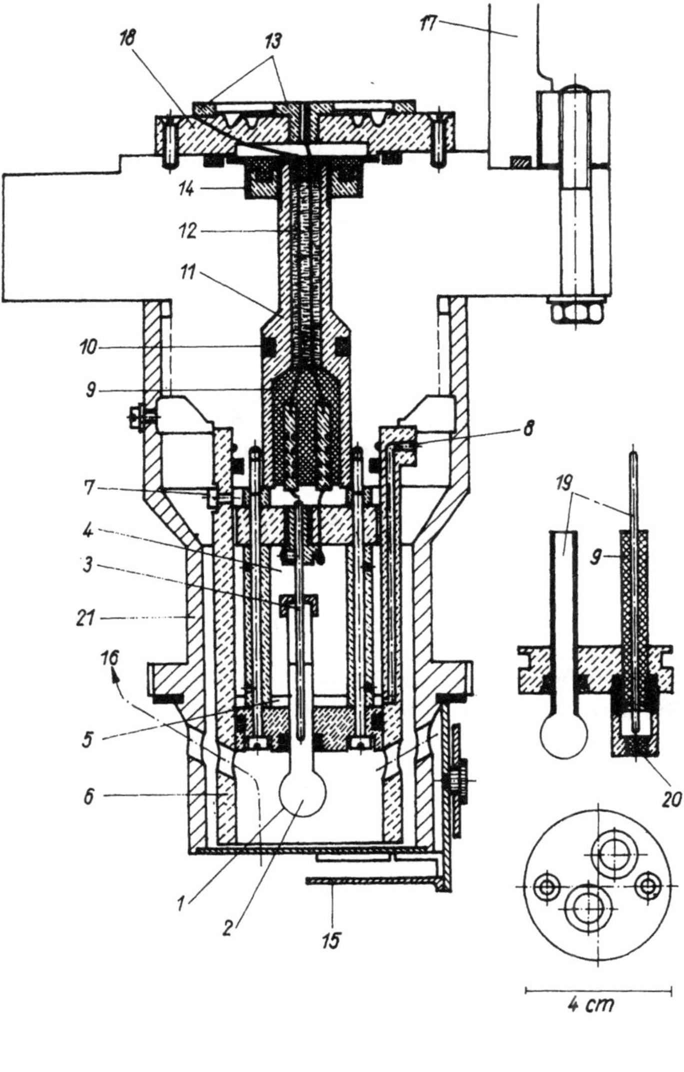
17
18
13
14
12
11
10
9
8
7
19
4
9
3
21
16
5
6
20
1
2
15
4 cm

allerdings ist die Lebensdauer der Glaselektroden bei hohen Temperaturen, insbesondere im stark sauren oder alkalischen Milieu, gering [159], sie läßt sich durch Verwendung hoher Wandstärken auf mehrere Tage bis Wochen vergrößern [167].

Mit pH-Messungen bei sehr hohen Drücken bis etwa 100 MPa, aber bei Normaltemperatur, hat sich vor allem Distèche [168] im Hinblick auf die Verhältnisse in großen Ozeantiefen beschäftigt. Auch er verwendete einen Druckausgleich für die gesamte Zelle (Abb. 24) und trennte die Elektroden von der Meßflüssigkeit mit Silikonöl. Die gesamte Anordnung mit Einrichtungen zum Schutz der Elektroden usw. zeigt Abb. 25. Mit dieser Apparatur wurde auch die Druckabhängigkeit der Dissoziationskonstanten schwacher Säuren bzw. des Aktivitätskoeffizienten untersucht, für die gelten muß:

$$\left(\frac{\partial \ln K_a}{\partial p}\right)_{T,m} = -\frac{\Delta \overline{V}^0}{RT} \tag{6.4}$$

bzw.

$$\left(\frac{\partial \ln t_i}{\partial p}\right)_{T,m} = \frac{\overline{V}_i - \overline{V}_i^0}{RT}, \tag{6.5}$$

wobei $\Delta \overline{V}^0$ die Differenz der partiellen Molvolumina im Standardzustand von Ionen und Säuremolekül ist und $\overline{V}_i$ das partielle Molvolumen des Ions der Sorte i, $\overline{V}_i^0$ entsprechend im Standardzustand. Ferner wurde speziell der Einfluß des Druckes auf die Dissoziation der Kohlensäure und die Wirkung von Salzen und Borsäure im Hinblick auf die Verhältnisse im Meerwasser untersucht [169]. Die aus der Kettenspannungsänderung beim Übergang von 101,3 KPa (1 atm) auf 100 MPa errechneten $\Delta \overline{V}^0$-Werte (nach Extrapolation von ΔU auf die Ionenstärke 0) stimmen für die untersuchten Gleichgewichte befriedigend mit den aus Dichte- und Leitfähigkeitsmessungen erhaltenen Werten überein. Die Änderung des paH-Wertes bei Zunahme des Druckes von 101,3 KPa auf 100 MPa in Seewasser (Cl^--Gehalt $\approx 2\%$)

ist im untersuchten pH-Bereich (5 bis 9,6) praktisch vom pH unabhängig. Sie stimmt gut mit den Werten, die Buch und Grippenberg [170] aus der Druckabhängigkeit der Dissoziationskonstanten der Kohlensäure errechnet haben, überein. Diese Werte weichen aber beträchtlich von Werten ab, die durch direkte Messungen im nordöstlichen pazifischen Ozean bis zu Tiefen von

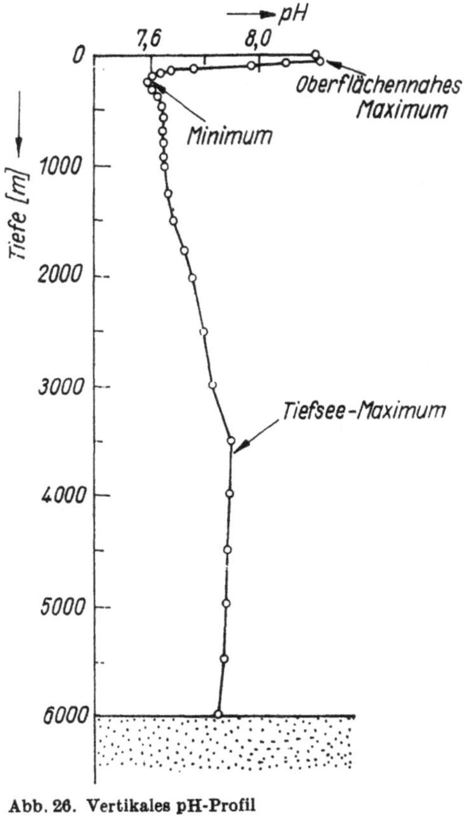

Abb. 26. Vertikales pH-Profil
53° 46′ N und 158° 36′ W, 7. Juli 1966 von K. Park

6000 m von Park [171] nach einer Methode von Strickland und Parsons [172] erhalten wurden. Sie zeigen, wie aus Abb. 26 hervorgeht, in der Nähe der Oberfläche ein Maximum, fallen steil zu einem Minimum von etwa 7,6 ab, nehmen dann langsam bis zu einer Tiefe von etwa 3500 m zu und fallen dann wieder langsam ab. Im Mittelmeer hatten Distèche und Dubuisson [173] bis zu Tiefen von 2350 m mit der in Abb. 26 gezeigten Apparatur einen ähnlichen Verlauf festgestellt.

Neuerdings haben Ben-Yaakov und Kaplan [174] eine Zelle konstruiert, die bis zu Drücken von 15 MPa eine Reproduzierbarkeit von 0,02 pH ergibt und damit Messungen bis 270 m Meerestiefe durchgeführt. Die Ag/AgCl-Elektrode enthält hier mit Silikonöl überschichtetes KCl, das mit einem Stempel unter dem Druck des Meerwassers durch ein keramisches Diaphragma gepreßt wird. Die Glaselektrodenfüllung gleicht den Druck über Silikonöl aus.

pH-Messungen bei tiefen Temperaturen bieten keine besonderen Schwierigkeiten, da die Wasserstoffelektrode ihr Potential auch bei 0 °C noch in 10 bis 15 Minuten einstellt und der stark zunehmende Widerstand der Glaselektrode bei den heute zur Verfügung stehenden pH-Meßverstärkern (s. S. 164) keine Schwierigkeiten mit sich bringt. Krishnan u. Mitarb. [175] haben gezeigt, daß die Wasserstoffelektrode selbst in Eis bei −6 °C reversibel arbeitet, indem sie die Abhängigkeit der Spannungsdifferenz zweier Wasserstoffelektroden vom Druck in einer gefrorenen 10^{-4} molaren NaCl-Lösung bestimmt haben. Die aus der Druckdifferenz zwischen den beiden Pt-Elektroden, die mit Platinpulver umgeben waren, errechnete Spannungsdifferenz stimmte mit der gemessenen überein.

7. pH-Messungen bei sehr hohen Elektrolytkonzentrationen

Nachdem erwiesen ist, daß die Glaselektrode in weiten Bereichen eine exakte Wasserstoffionenfunktion zeigt und die *pa*H- bzw. *pt*H-Werte, die mit Wasserstoffelektroden oder mit Glaselektroden in konzentrierten Salzlösungen erhalten werden, völlig übereinstimmen, kann man auch die konventionellen pH-Werte, die mit solchen Elektroden bestimmt werden, als echtes Aziditätsmaß ansehen. Es ist zwar seit langem bekannt [176], daß durch Zusatz von Salzen (z. B. Alkalihalogeniden) der konventionelle pH-Wert, insbesondere von Säuren, stark verändert, meist herabgesetzt wird; da aber die Salzzusätze auch das Diffusionspotential verändern und außerdem die Wasserstoffelektrode einen Salzfehler aufweisen konnte, wurde es nicht als sicher angesehen, daß die zum Teil außerordentlich großen pH-Abnahmen tatsächlich den daraus errechneten Zunahmen der Wasserstoffionenaktivität entsprechen, zumal keine befriedigende theoretische Deutung zur Verfügung stand. Die Diffusionspotentiale einer Kette

$$(\mathrm{Pt})\mathrm{H_2}/\mathrm{H}A(m),\ \mathrm{Na}B(m)\underset{\varepsilon_d}{//}\mathrm{KCl}(ges.),\ \mathrm{Hg_2Cl_2}(s)/\mathrm{Hg} \quad (7.\mathrm{a})$$

oder

$$\mathrm{Ag}/\mathrm{AgCl}(s)\mathrm{pH'}_B/\mathrm{Glas}/\mathrm{H}A(m),\ \mathrm{Na}B(m')\underset{\varepsilon_d}{//}\mathrm{KCl}(ges.)\ \mathrm{Hg_2Cl_2}(s)/\mathrm{Hg} \quad (7.\mathrm{b})$$

(H*A* : Säure mit dem Anion *A*, Na*B* : Salz mit dem Anion *B*) sind nun aber sicher, wenn $m' > m$, nicht größer, sondern kleiner als in den entsprechenden Ketten ohne Neutralsalzzusatz; denn durch das Neutralsalz werden die Unterschiede in den Ionenstärken und den Beweglichkeiten der Ionen auf beiden Seiten der Phasengrenze geringer. Daß andererseits die Glaselektrode und die Wasserstoffelektrode, obwohl ihr Potential auf ganz verschiedenen Elektrodenprozessen beruht, genau den gleichen „Salzfehler" zeigen sollen, ist ganz unwahrscheinlich. Es ist z. B. kaum denkbar, daß das Potential der mit H_2 umspülten platinierten Wasserstoffelektrode durch adsorbierte Anionen oder Ionenpaare des Salzes genau so verändert werden soll, wie das einer Glaselek-

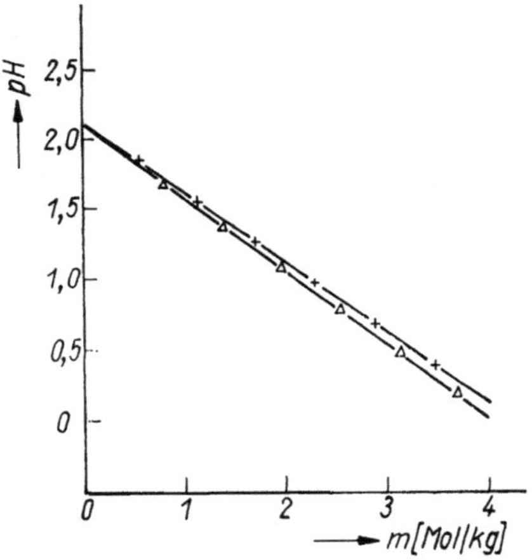

Abb. 27. pH-Verschiebung in 0,01 M $HClO_4$ bei Zusatz von $Mg(ClO_4)_2$
× spektralphotometrisch gemessen
▲ potentiometrisch gemessen

trode mit einer sehr viel weniger adsorptionsfähigen Oberfläche. Außerdem sind ganz entsprechende pH-Verschiebungen bzw. Änderungen der Hammett-Funktion auf spektralphotometrischem Wege festgestellt worden, wo Adsorptionseffekte natürlich keine Rolle spielen können [177]. Beim Vergleich der sowohl mit der Wasserstoff- wie der Glaselektrode gemessenen pH-Verschiebungen, die in 0,01 M $HClO_4$ durch Zusatz von Magnesiumperchlorat hervorgerufen werden, mit der Änderung der Hammett-Funktion $H_0 \approx pH$ (Indikator: Anilinsulfonphthalein $pK = 1{,}56$) ergab sich die gleiche lineare Abnahme mit der $Mg(ClO_4)_2$-Konzentration

(s. Abb. 27). Die mit beiden Elektroden gemessenen pH-Werte stimmten bis auf ±0,03 pH überein, der spektralphotometrische Wert lag nur bei den höchsten $Mg(ClO_4)_2$-Konzentrationen (potentiom. gem. pH = 0,3) um maximal 0,1 pH höher. In $0{,}5 \cdot 10^{-3}$ M $HClO_4$ wurde neben der Änderung des elektrometrisch gemessenen pH-Wertes durch Zusatz von $NaClO_4$ bzw. $Ba(ClO_4)_2$ die Änderung der Geschwindigkeitskonstanten K_r der Zersetzung von Diazoessigester [179] bestimmt. Die Steigungen der Geraden $\mathrm{pH}/m_{\mathrm{Salz}}$ und $-\lg K_r/m_{\mathrm{Salz}}$ waren für beide Salze nahezu gleich:

$$NaClO_4: \quad \frac{-\Delta \lg K_r}{\Delta m_{\mathrm{Salz}}} = 0{,}204; \quad \frac{\Delta \mathrm{pH}}{\Delta m_{\mathrm{Salz}}} = 0{,}19;$$

$$Ba(ClO_4)_2: \quad \frac{-\Delta \lg K_r}{\Delta m_{\mathrm{Salz}}} = 0{,}390; \quad \frac{\Delta \mathrm{pH}}{\Delta m_{\mathrm{Salz}}} = 0{,}37.$$

Daß durch „Neutralsalze" in verdünnten, wäßrigen Lösungen starker Säuren eine echte, starke Aziditätszunahme stattfindet, die nicht auf der Hydrolyse der Salze beruht, ist damit nachgewiesen, wenn auch eine exakte Bestimmung von $\lg a_{\mathrm{H}^\cdot}$ natürlich nicht möglich ist. Daß sehr große Unterschiede zwischen dem Aktivitätskoeffizienten der $H^\cdot$- und anderer, vor allem schwach hydratisierter, Ionen bestehen, läßt sich durch Ketten ohne Überführung, also thermodynamisch exakt, nachweisen. Aus Ketten vom Typ:

$$(Pt)H_2/HCl(m_1),\ Mg(ClO_4)_2(m_2)AgCl(s)/Ag \qquad (7.c)$$

und

$$Na(Hg)/NaCl(m_3),\ Mg(ClO_4)_2\ m_2\ AgCl(s)/Ag \qquad (7.d)$$

läßt sich $\frac{f_{\mathrm{H}^\cdot}}{f_{\mathrm{Na}^\cdot}}$ bei $m = m_3$ und der gleichen Fremdsalzkonzentration bestimmen. In Tab. 14 sind einige Werte für solche Quotienten aufgeführt, die zeigen, daß der Aktivitätskoeffizient $f_{\mathrm{H}^\cdot}$ und damit $\lg a_{\mathrm{H}^\cdot}$ bei Gegenwart von Neutralsalzen viel größer ist als der des Na^+ [179].

Schließlich haben Vergleiche zwischen pH- und *pw*H- bzw. *pt*H-Werten mit entsprechenden Ketten gezeigt, daß die Änderungen dieser Größen bei Salzkonzentrationen $\geqq 1$ Mol · kg^{-1} völlig parallel verlaufen, d. h. die Zunahme von $a_{H^{\cdot}}$ und $m_{H^{\cdot}} \cdot f_{Cl'}$ mit der Salzkonzentration muß die gleiche sein. In den meisten Fällen wird

Tabelle 14

Verhältnis der Aktivitätskoeffizienten der H˙- und Na˙-Ionen in HCl- bzw. NaCl-Lösungen ($m_{HCl} = m_{NaCl} = 0{,}01$ Mol kg^{-1}) unter Zusatz von Fremd-Elektrolyten

Fremdsalz	m (Mol · kg^{-1})	J (Mol · kg^{-1})	$f_{H^{\cdot}}/f_{Na^{\cdot}}$
$NaClO_4$	1	1	1,52
	3	3	2,58
	6	6	5,16
	10	10	14,7
	16	16	42,6
$Mg(ClO_4)_2$	0,5	1,5	1,27
	1	3	2,23
	2	6	5,52
	3	9	12,8
	4	12	41,5
$Al(ClO_4)_3$	0,5	3,0	0,038
	1,0	6,0	0,601
	2,0	12,0	2,06

ein linearer Abfall des konventionellen pH-Wertes und des *pw*H-Wertes festgestellt, gleichgültig, ob das Salz das Anion mit der Säure gemeinsam hat oder nicht. In Abb. 28 ist z. B. die Verschiebung des pH- und des *pw*H-Wertes in 0,1 M HBr durch LiBr, die mit verschiedenen Ketten unter Verwendung der H_2- und der Glaselektrode gemessen wurden, dargestellt. Man sieht, daß Glas- und H_2-Elektrode dieselben pH- und *pw*H-Werte haben und daß diese in gleicher Weise von 1 bis etwa −2,6 abnehmen. In 15 molaler LiBr-Lösung, die gleichzeitig 0,1 molal an HBr ist, ist damit die Wasserstoffionenaktivität etwa 4000mal größer als in reiner 0,1 molaler HBr-Lösung. In Abb. 29 ist die Änderung von pH- und *pw*H-Werten, die mit der Wasserstoff- und verschiedenen Glaselektroden gemessen wurden, in 0,1 M HCl bei Zusatz von $Sr(ClO_4)_2$ dargestellt. Der lineare, parallele Abfall ist der gleiche wie bei Zusatz eines gleichionigen Salzes zu der betreffenden Säure. Die Steigung $\frac{\Delta \mathrm{pH}}{\Delta m_{\mathrm{Salz}}}$ bzw. $\frac{\Delta pw\mathrm{H}}{\Delta m_{\mathrm{Salz}}}$ ist von der Konzentration

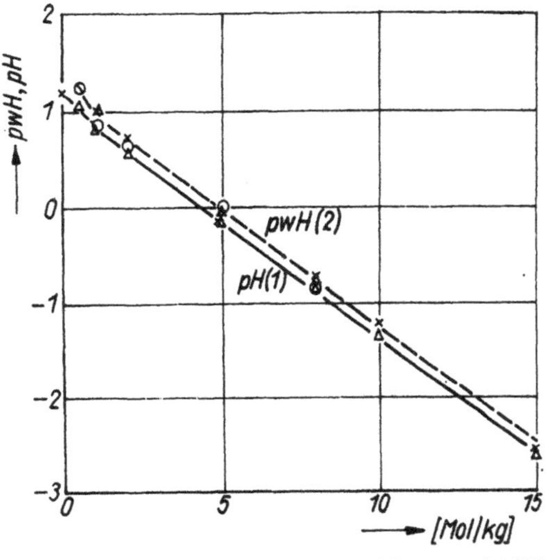

Abb. 28. Änderung des pH- und des *pw*H-Wertes von 0,1 M HBr bei Zusatz von LiBr

(1) △ Pt, H_2/HBr(0,1 M), LiBr(*m*)//KCl(*ges.*), Hg_2Cl_2(*s*)/Hg
○, × Hg/Hg_2Cl_2(*s*), KCl(*ges.*)//HCl(0,1 M)/Glas/HBr(0,1 M), LiBr(m_s)//KCl(*ges.*), Hg_2Cl_2(*s*)/Hg
○ GC-Glaselektrode
× GB-Glaselektrode

(2) △ Pt, H_2/HBr(0,1 M), LiBr(m_s), Hg_2Br_2(*s*)/Hg
○, × Hg/Hg_2Cl_2(*s*), KCl(*ges.*)/HCl(0,1 M)/Glas/HBr(0,1 M), LiBr(m_s),Hg_2Br_2(*s*)/Hg
○ GC-Glaselektrode
× GB-Glaselektrode

der Säure unabhängig, wie Abb. 30 am Beispiel des Zusatzes von $UO_2(ClO_4)_2$ zu verschiedenen 0,1 und 1 molalen Säuren zeigt. Daraus und aus anderen Untersuchungsergebnissen [180, 181] kann geschlossen werden, daß sich die Konzentration der Wasserstoffionen nicht ändert, sondern nur der Aktivitätskoeffizient. Aus der Parallelität von pH und *pw*H einerseits und dem Zusammenhang zwischen *pa*H und *pw*H (s. Tab. 2)

$$paH = pwH + \lg f_{A'} \qquad (7.1)$$

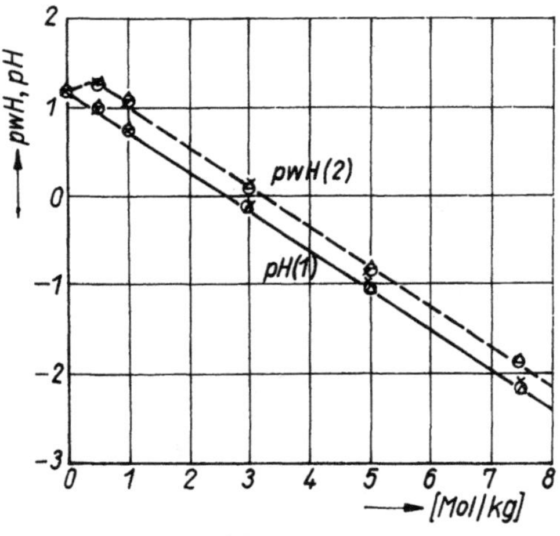

Abb. 29. Änderung des pH- und des *pw*H-Wertes von 0,1 M HCl bei Zusatz von $Sr(ClO_4)_2$

(1) △ Pt, H_2/HCl(0,1 M), $Sr(ClO_4)_2(m_s)$//NaCl(*ges.*), Hg_2Cl_2/Hg
○, × Hg/$Hg_2Cl_2(s)$, KCl(*ges.*)//HCl(0,1 M)/Glas/HCl(0,1 M), $Sr(ClO_4)_2(m_s)$//NaCl(*ges.*), $Hg_2Cl_2(s)$/Hg
○ GC-Glaselektrode
× GB-Glaselektrode

(2) △ Pt, H_2/HCl(0,1 M), $Sr(ClO_4)_2(m_s)$, AgCl(*s*)/Ag
○, × Hg/$Hg_2Cl_2(s)$, KCl(*ges.*)//HCl(0,1 M)/Glas/HCl(0,1 M), $Sr(ClO_4)_2(m_s)$, AgCl(*s*)/Ag
○ GC-Glaselektrode
× GB-Glaselektrode

andererseits folgt weiter, daß sich der Aktivitätskoeffizient des Anions über große Bereiche des Salzzusatzes nicht ändert, wenn man unter Vernachlässigung der Diffusionspotentiale den konventionellen pH-Wert an-

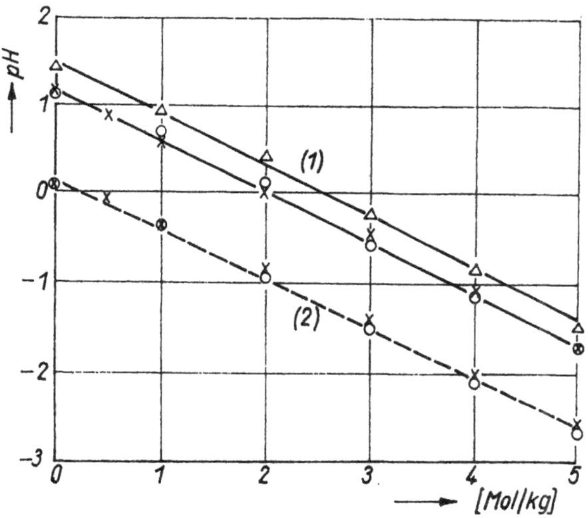

Abb. 30. Änderung des konventionellen pH-Wertes bei Zugabe von $UO_2(ClO_4)_2$ zu verschiedenen Säuren unterschiedlicher Konzentration

(1) 0,1 M Säure × HCl

(2) 1 M Säure ○ $HClO_4$

● HNO_3

△ H_2SO_4

nähernd dem *pa*H-Wert gleichsetzt. Auch wenn man mit Ketten vom Typ:

$$Ag/AgCl(s)NaCl(m')HCl(m)//KCl(ges.),\ Ag_2Cl_2(s)/Hg \qquad (7.e)$$

$(m' \gg m)$ $f_{Cl'}$ bzw. $f_{Br'}$ unter Vernachlässigung der Diffusionspotentiale berechnet, bekommt man mit der Konzentration des Salzes wenig veränderliche Werte und relativ gute Übereinstimmung mit den aus Gl. (7.1)

Tabelle 15

Anionen-Aktivitätskoeffizienten, bestimmt aus Ketten des Typs:

Me/*MeA*(*s*), H*A*, Salz//KCl(*ges.*), Hg_2Cl_2(*s*)/Hg,

im Vergleich zu Werten, die sich aus der Differenz von pH und *pw*H ergeben

Kette (*a*):	Ag/AgCl(*s*), HCl (0,1 M), $CaCl_2(m_s)$//KCl(*ges.*), Hg_2Cl_2(*s*)/Hg					
m_{CaCl_2} (Mol · kg^{-1})	0,5	2	3	5	7	
pH	0,92	0,33	−0,12	1,06	1,68	
*pw*H	1,34	0,71	0,18	0,75	1,40	
f_{H^+}	1,20	4,18	13,2	115	479	
f_{Cl^-} aus pH und *pw*H	0,38	0,42	0,50	0,49	0,53	
f_{Cl^-} aus Kette (*a*)	0,39	0,45	0,54	0,56	0,59	
Kette (*b*):	Hg/Hg_2Br_2(*s*), HBr (0,1 M), $NaBr(m_s)$//KCl(*ges.*), Hg_2Cl_2(*s*)/Hg					
m_{NaBr} (Mol · kg^{-1})	0,5	1	3	5	6	9
pH	1,02	0,89	0,42	0,05	−0,10	0,80
*pw*H	1,05	1,00	0,53	0,09	−0,02	0,74
f_{H^+}	0,955	1,01	3,16	7,42	12,6	56,2
f_{Br^-} aus pH und *pw*H	0,93	0,78	0,78	0,87	0,83	0,87
f_{Br^-} aus Kette (*b*)	0,84	0,79	0,66	0,79	0,91	0,93

erhältlichen Werten (s. Tab. 15). In Tab. 15 sind auch die aus $pH = -\lg m_{H^\cdot} \cdot f_{H^\cdot}$ erhältlichen Aktivitätskoeffizienten der Wasserstoffionen mit angegeben.

Wie man sieht, nehmen sie um mehrere Größenordnungen zu, während $f_{Cl'}$ bzw. $f_{Br'}$ nur um weniger als 50% verändert werden.

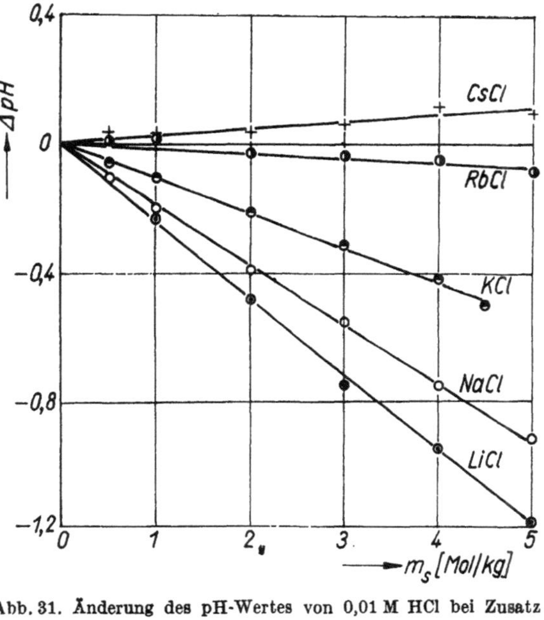

Abb. 31. Änderung des pH-Wertes von 0,01 M HCl bei Zusatz von Alkalihalogeniden

Die Steigung $\frac{\Delta pH}{\Delta m_{Salz}}$ nimmt mit dem Radius des Kations des Salzes zu und kann bei genügend großen Kationen positiv werden. Wenn man zu 0,01 M HCl die Alkalisalze zusetzt, so ergibt LiCl die stärkste pH-Abnahme, RbCl die schwächste und CsCl eine geringe Zunahme des konventionellen pH-Wertes [182] (Abb. 31). Bei Zusatz von Tetraäthylsalzen zu Säuren führen die großen quaternären Kationen zu beträchtlichen, wenn auch nicht linearen pH-Zunahmen (Abb. 32). Auch in alkalischen Lösungen werden mit der Glaselektrode und der Wasserstoffelektrode durch Neutralsalzzusatz gleiche, meistens mit der Salzkonzentration nicht linear verlaufende pH-Änderungen gemessen [180, 181]. Auf die

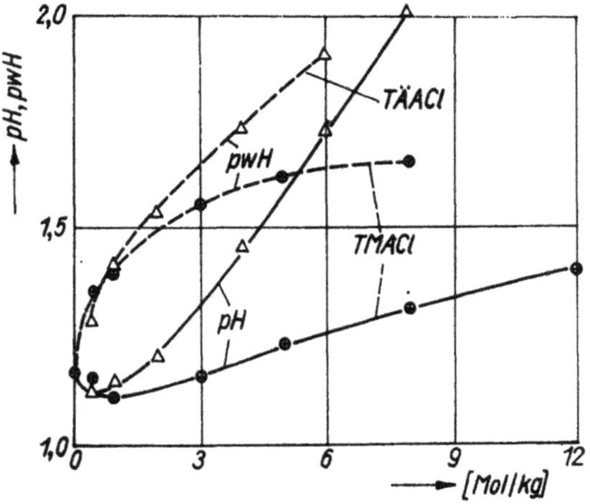

Abb. 32. pH- und *pw*H-Werte von 0,1 M HCl bei Zusatz von Tetramethylammoniumchlorid (TMACl) und Tetraäthylammoniumchlorid (TÄACl)

○, ▲ Pt, H_2/HCl(0,1 M), TMACl bzw. TÄACl(m_s)//KCl(*ges.*), Hg_2Cl_2(*s*)/Hg [pH]

○, ▲ Pt, H_2/HCl(0,1 M), TMACl bzw. TÄACl(m_s), AgCl(*s*)/Ag [*pw*H]

\+ Hg/Hg_2Cl_2(*s*), KCl(*ges.*)//HCl(0,1 M)/Glas/HCl(0,1 M), TMACl bzw. TÄACl(m_s)//KCl(*ges.*), Hg_2Cl_2(*s*)/Hg [pH]

\+ Hg/Hg_2Cl_2(*s*), KCl(*ges.*)//HCl(0,1 M)/Glas/HCl(0,1 M), TMACl bzw. TÄACl(m_s), AgCl(*s*)/Ag [*pw*H]

Ursache dieser zum Teil außerordentlich großen Aziditätsänderungen kann hier nicht eingegangen werden (s. z. B. [181]). Sicher kann man sie nicht allein durch die Hydratation der gelösten Salze und die damit verbundene Konzentrationserhöhung erklären, wie vielfach angenommen wird [183]; denn die Änderung von $f_{H^\cdot}$ bzw.

$f_\pm$ ist ungleich viel größer als die Veränderung des mittleren Aktivitätskoeffizienten des betreffenden Salzes bei der gleichen Konzentration. Die Hydrathüllen der Salzkationen, die als stark polarisiert mit nach außen gerichteten Pluspolen angesehen werden können, erleiden mit den Wasserstoffionen eine starke Abstoßung, zumal die Protonen infolge ihrer hohen Austauschgeschwindigkeit mit H-Atomen quasihomogen über das Wasser verteilt sind, dadurch erhält man eine positive freie Überschußenthalpie, die um so größer ist, je kleiner das Kation und infolgedessen um so größer die Polarisation und Größe der Hydrathülle ist. Konzentrierte Neutralsalzlösungen lassen sich gegenüber verdünnten wäßrigen Lösungen als ein neues Lösungsmittel auffassen; denn die Wasserstruktur ist zerstört und der größte Teil der H_2O-Moleküle ist durch Hydratation beansprucht. Der Standardzustand einer zu untersuchenden Säure oder Base in diesem Elektrolyten konstanter Ionenstärke läßt sich dann durch eine Standard-EMK festlegen und aus ihrer Differenz gegenüber der Standard-EMK in einer fiktiven Lösung mit $m_{HA} = 1$, $f_\pm = 1$, $J = 0$ ein primärer Mediumeffekt berechnen [118].

Die praktische Bedeutung dieser zum Teil enormen Aziditätsänderungen durch sogenannte Neutralsalze für Gleichgewichte, aber auch die Kinetik in Elektrolytlösungen liegt auf der Hand. Man kann in vielen Fällen die Azidität ohne Veränderung der Wasserstoffionenkonzentration durch Salzzusatz verändern und bei konstanter $H^{\cdot}$-Konzentration aus dem pH-Wert und dem linearen Zusammenhang mit der Salzkonzentration $m_s > 1$

$$\mathrm{pH} = \mathrm{pH}_0 - K \cdot m_s \qquad (7.2.)$$

pH_0 = pH-Wert für $m_s = 1$

$K = \frac{\Delta \mathrm{pH}}{\Delta m_{\mathrm{Salz}}}$ = Proportionalitätsfaktor

die Salzkonzentration bestimmen.

In jedem Fall kann festgestellt werden, daß sich sowohl die Wasserstoffelektrode wie die Glaselektrode für pH-Messungen in konzentrierten Elektrolytlösungen eignet. Die gemessenen, zum Teil sehr beträchtlichen pH-Änderungen durch hohe Salzkonzentrationen sind echte Aziditätsänderungen. Die Wasserstoffelektrode ist in solchen Lösungen sehr polarisationsempfindlich und sollte mit Verstärker gemessen werden, außerdem wird der Gleichgewichtswert sehr langsam, oft erst nach Stunden erreicht. Die Glaselektrode ist natürlich nur dann brauchbar, wenn sie keinen merklichen Alkalifehler zeigt, d. h. bei pH < 9 und geringen $Na^{\cdot}$-Konzentrationen.

Inzwischen ist festgestellt worden, daß auch andere Kationen mit hoher Ladungsdichte und dementsprechend hoher Hydratationsenergie in wäßrigen Lösungen eine starke Zunahme ihres Aktivitätskoeffizienten mit der Konzentration bei Ionenstärken über 1 Mol · kg^{-1} zeigen. Das gilt sowohl für binäre Lösungen als auch für ternäre Systeme, wenn sowohl das zu bestimmende Kation mit niedriger Konzentration wie das Kation des zugesetzten Salzes mit hoher Konzentration stark hydratisiert sind [179]. Für den Aktivitätskoeffizienten z. B. von $Cd^{\cdot\cdot}$ gilt eine Gl. (7.2) entsprechende Gleichung. Die Aktivitätskoeffizienten der Anionen solcher Salze ändern sich demgegenüber bei hohen Konzentrationen wenig und liegen zwischen 0,1 und 0,5. Eine mögliche Erklärung für das unterschiedliche Verhalten der Aktivitäten von Kation und Anion in konzentrierten wäßrigen Lösungen ist die dielektrische Sättigung der Hydrathülle von Kationen mit hoher Ladungsdichte. Sie führt dazu, daß das elektrische Feld solcher Kationen nicht mehr so stark geschwächt wird wie durch Wasser mit seiner hohen Dielektrizitätskonstanten und dadurch eine starke elektrostatische Abstoßung zwischen den positiven Ionen stattfindet. Daraus ergibt sich eine starke Zunahme der freien Überschußenthalpie dieser Kationen. Die Anionen haben eine lockere Hydrathülle mit der Dielektrizitätskonstanten des Wassers, und daher wirkt in erster Linie die elektrostatische Anziehung unter Abnahme der freien Überschußenthalpie [184].

8. pH-Messungen in nichtwäßrigen Systemen und in Dispersionen

Die pH-Messung in organischen Lösungsmitteln bietet heute kaum technische Schwierigkeiten, da der Widerstand solcher Lösungen immer noch klein gegenüber dem von Glaselektroden ist und man ja über Verstärker mit Eingangswiderständen von $\geq 10^{13}$ Ohm verfügt. Auch die Wasserstoffelektrode kann in solchen Systemen verwendet werden, wenn auch die Einstellung der Gleichgewichtsgalvanispannung oft lange Zeit in Anspruch nimmt. Die Schwierigkeiten liegen vielmehr in der physikalischen Interpretation der pH-Werte als Aziditätsmaß in solchen Medien verglichen mit wäßrigen Lösungen.

Nach der Definition des pH-Wertes können pH-Messungen nur in solchen Medien durchgeführt werden, die Wasserstoffionen enthalten. Da außerdem als Bezugszustand für die Wasserstoffionenaktivität eine Lösung mit der Konzentration 1 Mol kg^{-1} (bzw. Mol $\cdot$ l^{-1}) verwendet wird, müssen die Wasserstoffionen auch hydratisiert sein, wenn man ihre Aktivität in einem beliebigen Medium mit der dieses Bezugszustandes vergleichen will. Eine Potentialmessung mit einer beliebigen, Wasserstoffionen in wäßriger Lösung indizierenden Elektrode in einem völlig wasserfreien Lösungsmittel kann also keinen „pH-Wert“ liefern, der einen Vergleich mit der wäßrigen Lösung zuläßt. Für jedes Medium, auch wenn es nicht völlig wasserfrei ist, muß daher prinzipiell eine eigene pH-Skala mit einem speziellen Bezugszustand für dieses Medium verwendet werden, wenn der „pH-Wert“ als Maß für die Wasserstoffionenaktivität dienen soll. Man kann dabei natürlich auch keine Einzelionenaktivität bestimmen, sondern nur mittlere Aktivitäten, wie das in wasserhaltigen und wasserfreien organischen Lösungsmitteln mit Ketten ohne Überführung vom Typ (3.3.r) vielfach geschehen ist [95]. Wenn man konventionelle pH-Messungen durchführt, d. h. mit Ketten, die Diffusionspotentiale aufweisen, so kann man ebenso wie in wäßrigen Lösungen Standardpuffer, deren pH-Wert möglichst weitgehend *pa*H entspricht, verwenden. Zum Beispiel haben Bates u. Mitarb. [185] für Lösungen von 50% Methanol + 50% Wasser solche Standardpufferlösungen hergestellt und $pa\mathrm{H}^x$ (*pa*H bezogen auf dieses Lösungsmittel) bestimmt, indem sie *pw*H-Werte gemessen und dazu den nach der Debye-Hückel-Gleichung (8.1) errechneten $\lg f_{\mathrm{Cl}'}$ addiert haben.

$$-\lg f_{\mathrm{Cl}'} = \frac{AJ^{1/2}}{1 + B \cdot a \cdot J^{1/2}} \tag{8.1}$$

J = Ionenstärke

$A = \dfrac{1{,}8246 \cdot 10^6}{(\varepsilon \cdot T)^{3/2}} \cdot \varrho_0^{1/2}$

$B = \dfrac{50{,}29 \cdot \varrho_0^{1/2}}{(\varepsilon \cdot T)^{1/2}}$

ε = Dielektrizitätskonstante

ϱ_0 = Dichte des Lösungsmittels

a = Ionengröße (für Cl 0,456 nm).

In Tab. 16 sind die so für 50%iges Methanol und mehrere NaCl-haltige Puffer bei verschiedenen Temperaturen gewonnenen Werte angegeben. Auch für D_2O sind solche Standardlösungen erforderlich, sie wurden ebenfalls von Bates [186] hergestellt und gemessen, wobei eine Platinelektrode mit Deuteriumgas und eine Kette vom Typ (3.3.r) verwendet wurde; man bestimmt dann pa_{D}-Werte, d. h. $-\lg a_{\mathrm{D}^\cdot}$ ($\mathrm{D}^\cdot$ = Deuteriumion). Die dabei berechneten *pK*-Werte für Essigsäure und Phosphorsäure unterscheiden sich von denen in Wasser nicht unwesentlich (Essigsäure: H_2O, $pK = 4{,}756$; D_2O $pK = 5{,}313$ bei 25°C). Später haben Covington, Paabo, Robinson und Bates [187] das Verhalten der Glaselektrode in Deuteriumoxid untersucht und mit der

Tabelle 16

Werte für $paH\left(p_s(a_H \cdot f_{Cl'}) + \lg f_{sCl'}\right)$ in 50 Gew.-%igem Methanol

m_{NaCl} Mol · kg)	10	15	20	25	30	35	40 °C
	Puffer: KH_2PO_4 (Mol · kg^{-1}) + Na_2HPO_4 (Mol · kg^{-1}) + NaCl (Mol · kg^{-1}); J = 5 Mol · kg^{-1}						
0,01	8,277	8,259	8,243	8,232	8,225	8,221	8,221
0,02	8,204	8,184	8,168	8,157	8,148	8,144	8,142
0,03	8,151	8,131	8,115	8,102	8,093	8,088	8,086
0,04	8,109	8,088	8,071	8,058	8,049	8,043	8,040
0,05	8,072	8,051	8,034	8,021	8,011	8,004	8,001
0,06	8,040	8,019	8,002	7,988	7,978	7,971	7,967
0,07	8,011	7,990	7,973	7,959	7,948	7,940	7,936
0,08	7,984	7,963	7,946	7,932	7,921	7,913	7,908
0,09	7,960	7,939	7,921	7,907	7,896	7,887	7,882
0,10	7,937	7,916	7,898	7,884	7,872	7,863	7,858
	Puffer: H*Ac* (Mol · kg^{-1}) + Na*Ac* (Mol · kg^{-1}) + NaCl (Mol · kg^{-1}); J = 2 Mol · kg^{-1}						
0,01	5,608	5,599	5,593	5,591	5,592	5,597	5,604
0,02	5,586	5,577	5,571	5,568	5,569	5,573	5,580
0,03	5,571	5,561	5,555	5,552	5,553	5,556	5,563
0,04	5,560	5,549	5,543	5,540	5,540	5,543	5,550
0,05	5,550	5,539	5,532	5,529	5,529	5,533	5,540
0,06	5,542	5,531	5,524	5,520	5,520	5,524	5,530
0,07	5,535	5,523	5,516	5,512	5,512	5,515	5,522
0,08	5,529	5,517	5,509	5,505	5,505	5,508	5,515
0,09	5,523	5,511	5,503	5,499	5,499	5,502	5,508
0,10	5,518	5,506	5,498	5,493	5,493	5,496	5,502
	Puffer: NaH Sukz. (saures Natriumsukzinat) (Mol · kg^{-1}) + NaCl (Mol · kg^{-1}); J = 2 Mol · kg^{-1}						
0,01	5,902	5,884	5,870	5,860	5,854	5,850	5,850
0,02	5,863	5,844	5,829	5,818	5,811	5,806	5,806
0,03	5,832	5,812	5,797	5,785	5,777	5,772	5,770
0,04	5,806	5,786	5,770	5,757	5,748	5,743	5,741
0,05	5,784	5,764	5,747	5,734	5,725	5,719	5,716
0,06	5,766	5,745	5,728	5,714	5,705	5,698	5,696
0,07	5,750	5,729	5,712	5,698	5,688	5,680	5,676
0,08	5,738	5,716	5,698	5,684	5,675	5,668	5,666
0,09	5,728	5,705	5,688	5,674	5,664	5,658	5,656
0,10	5,720	5,697	5,680	5,666	5,656	5,650	5,648

Beziehung zwischen der standardisierten *pa*D-Skala und dem konventionellen pH-Wert in schwerem Wasser verglichen. Direkte und indirekte Vergleichsmessungen von handelsüblichen Glaselektroden mit Deuteriumgaselektroden bei 25 °C in gepufferten Lösungen mit *p*D von 1 bis 13 haben gezeigt, daß die Glaselektroden sowohl für Messungen in schwerem als auch in normalem Wasser geeignet sind. Die Untersuchungen wurden mit Hilfe von 4 verschiedenen Ketten ausgeführt und lieferten übereinstimmende Ergebnisse.

Wenn man den „pH-Wert" als Vergleichszahl im gleichen Lösungsmittel für praktische Zwecke verwendet oder wenn man potentiometrische Titrationen in nichtwäßrigen Medien durchführen will, spielt es keine Rolle, in welcher Beziehung die gemessene Zahl zur für Wasser als Lösungsmittel definierten Aktivität der Wasserstoffionen steht. Man muß nur stets die gleiche Meßkette verwenden und den Vergleich auf das gleiche Lösungsmittel bzw. Gemisch beziehen. Dann spielt es auch keine Rolle, ob man eine Bezugselektrode mit einem wäßrigen Elektrolyten (z. B. ges. Kalomelelektrode) oder mit einem nichtwäßrigen Elektrolyten [94] verwendet, zumal die Phasengrenzpotentiale zwischen Meßlösung und Elektrolyt der Bezugslösung nicht wesentlich größer sind als bei Kontakt zweier wäßriger Lösungen mit entsprechender Ionenkonzentration [188]. Als Meßelektrode ist für physikalisch-chemische Untersuchungen zur Bestimmung der Mediumeffekte [95] usw. meistens die Wasserstoffelektrode benutzt worden. In organischen Lösungsmitteln erfolgt ihre Potentialeinstellung im allgemeinen langsamer als in Wasser, mit grau platinierten Elektroden nach Hills und Ives [189] erhält man eine schnellere und reproduzierbarere Potentialeinstellung als mit schwarz platinierten. In den letzten Jahren ist aber auch für solche Zwecke bei hohen Ansprüchen an die Reproduzierbarkeit die Glaselektrode verstärkt eingesetzt worden. Beim Vergleich mit der Wasserstoffelektrode in Ketten ohne Überführung vom Typ (3.3.q) bzw.

(3.3.r) wurde bei nicht zu hohen Gehalten an organischen Lösungsmitteln (bis etwa 80%) sehr gute Übereinstimmung erzielt [190]. Will man gut reproduzierbare pH-Messungen in wasserfreien Lösungsmitteln mit der Glaselektrode erzielen, so sollte die Glaselektrode immer in dem gleichen Medium aufbewahrt werden, weil sich sonst die äußere Quellschicht beim Wechsel des Mediums ändert und sich dadurch schleichende Verschiebungen der Kettenspannungen einstellen. Wenn man z. B. eine in Wasser auf-

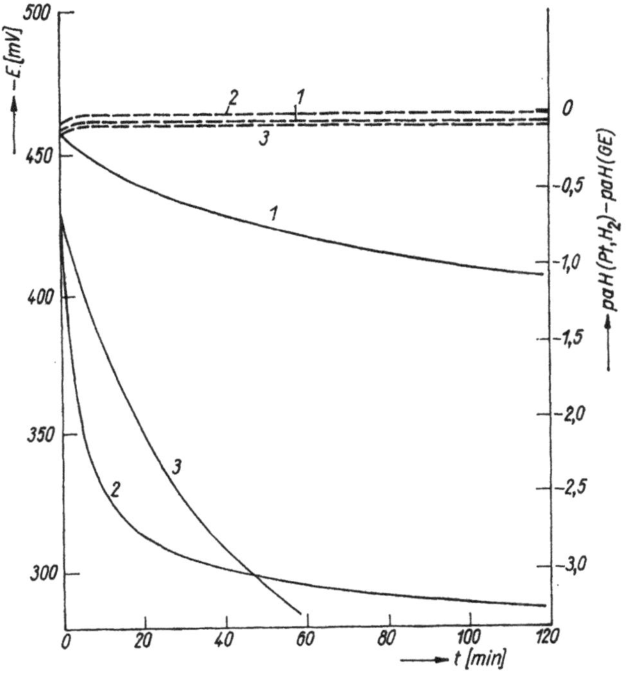

Abb. 33. Potentialänderung der Glaselektrode gegenüber der Pt, H_2-Elektrode beim Einsetzen des in 0,01 M HCl, H_2O vorgequollenen Uran- (———) und C-Glases (- - - -) in wasserfreies Methanol (*1*), n-Butanol (*2*) sowie Methyläthylketon (*3*), bestimmt mit der Kette

$$- \text{Pt}, \text{H}_2/\text{HCl}, \text{Solvens}/\text{Glas}/\text{H}_2\text{O}, 0{,}01\ \text{M HCl}, \text{AgCl}(s)/\text{Ag} +$$

bewahrte Elektrode in wasserfreie Lösungsmittel überführt, so ändert sich die Kettenspannung mit der Zeit erheblich, wenn normale Elektrodengläser verwendet werden. Der auf die Zeit Null extrapolierte Wert ergibt einen pH-Wert, der dem auf die wäßrige Lösung bezogenen *pt*H-Wert gut entspricht (Abb. 33). Durch das Einwandern von Lösungsmittel wird die H^+-Aktivität der Quellschicht verändert und damit auch die Kettenspannung. Bei Na-freien Gläsern (C-Glas) tritt praktisch keine Veränderung ein. Wenn man andererseits eine völlig wasserfreie Glaselektrode in mit T_2O gesättigten (0,02%) Tetrachlorkohlenstoff bringt, so belädt sich das Glas sehr rasch mit dem tritiierten Wasser und nimmt etwa $2\,\mu g \cdot cm^{-2}$ auf [191]. Allerdings spielt offenbar für die Reproduzierbarkeit der Glaselektrodenpotentiale in organischen Medien auch die Art des verwendeten Elektrolyten eine Rolle. Sofern in den organischen Solventien Salze der Alkalimetalle in höherer Konzentration ($>$ 0,1 M) enthalten sind, was im allgemeinen nur bei wasserhaltigen Lösungsmitteln vorkommen wird, so zeigen die Glaselektroden einen größeren Alkalifehler als in Wasser, so daß schon im neutralen Bereich unter Umständen bei der Standardisierung der Elektroden darauf Rücksicht genommen werden muß [192]. Kolthoff und Chantooni jr. [193] haben in wasserfreiem Azetonitril mit $HClO_4$, $N(C_2H_5)_4ClO_4$ und entsprechenden Mischungen von H_2SO_4 und $N(C_2H_5)_4HSO_4$ keine reproduzierbaren Glaselektrodenpotentiale erhalten, wohl aber mit Mischungen von 2,5-Dichlorbenzolsulfon- und Methansulfonsäure mit ihren $N(C_2H_5)_4$-Salzen in Azetontril. Diese Lösungen ließen sich auch als Puffergemische zur Standardisierung der Glaskette verwenden, für die als Bezugselektrode Ag/0,01 M $AgNO_3$ (in Azetonitril) verwendet wurde. Der aus potentiometrischen Titrationen in diesem Medium erhaltene pK_{HA}-Wert der Pikrinsäure (11,0) stimmte mit dem spektralphotometrischen (11,1) gut überein. Mit dem Verhalten von Glaselektroden in Essigsäure haben sich außer Kolthoff u. Mitarb. [194]

auch WEGMANN, ESCARFAIL und SIMON [195] eingehend befaßt, weil sie in diesem Medium vielfach zur Titration von schwachen Basen mit Perchlorsäure verwendet werdeu [196]. Handelt es sich um die Ermittlung von Säure- oder Basenkonzentrationen durch potentiometrische Titration in organischen Medien, lassen sich auch Metallelektroden verwenden [197].

In der letzten Zeit ist das Verhalten von Glaselektroden zur pH-Messung in Isopropanol eingehend von KARLBERG [198] untersucht worden. Dabei wurde festgestellt, daß der Ionenaustausch zwischen Quellschicht und Lösung die Potentialeinstellung maßgeblich beeinflußt und die Geschwindigkeit des Austausches, also auch die Ansprechzeit der Elektrode, von dem Wassergehalt der Quellschicht abhängig ist. Da die Quellschicht, die als getrennte, selbständige Phase gegenüber dem ungequollenen Glas angesehen werden muß, durch das Isopropanol und andere wasserfreie Lösungsmittel entwässert wird, läßt die Ansprechgeschwindigkeit in solchen Solventien mit der Zeit nach, kann aber durch kurzes Wässern wieder auf den alten Wert gebracht werden. Gläser mit dünnen Quellschichten, das sind im allgemeinen solche, die für den alkalischen Meßbereich geeignet sind, ergeben in organischen Lösungsmitteln eine rasche Potentialeinstellung und zeigen wie in wäßrigen Lösungen einen geringeren Alkalifehler. Um die Stärke der Quellschicht herabzusetzen, empfiehlt KARLBERG [199] ein vorsichtiges Ätzen der Elektrode mit verdünnter Flußsäure; natürlich kann man dieses Verfahren nicht beliebig oft wiederholen. Solche Elektroden eignen sich nicht für Messungen in wäßrigen Lösungen, weil sie dort eine Potentialdrift zeigen. Daß aber Glaselektroden durch Behandlung mit verdünnter Flußsäure im Prinzip ihre Selektivität gegenüber $H^{\cdot}$ nicht einbüßen, haben auch SÖRENSEN und LUNDGAARD [200] gezeigt. Um die Ausbildung einer dicken Quellschicht zu verhüten, wird auch eine kurze Wässerungszeit empfohlen. Für Isopropanol konnten übrigens KARLBERG u. Mitarb. [201]

mit Hilfe radioaktiver Markierung (C 14) nachweisen, daß das Isopropanol nicht in die Quellschicht eindringt und an der glatten Glasoberfläche auch nicht adsorbiert wird, es beeinflußt dennoch den potentialbestimmenden Vorgang nicht unmittelbar.

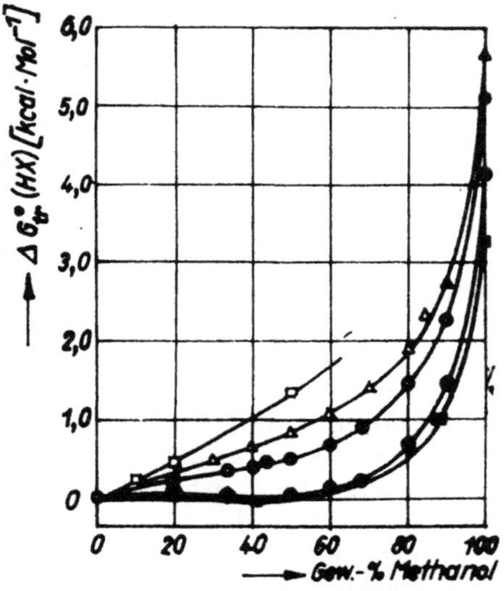

Abb. 34. Freie Überführungsenthalpie verschiedener Säuren beim Übergang von Wasser zu Methanol-Wasser-Gemischen

—□—□—	Essigsäure	—•—•—	HJ
—△—△—	HCl	—■—■—	$HClO_4$
—○—○—	HBr		

Die Frage, inwieweit sich die Azidität einer Säure (gleicher Konzentration) beim Übergang von einem Lösungsmittel (z. B. Wasser) zu einem anderen (z. B. Methanol) ändert, ist in der letzten Zeit viel diskutiert worden. Schon von Ismailov [202] und anderen Autoren ist diese Frage im Zusammenhang mit der Basizität des Lösungsmittels, also der Protonenaffinität im Sinne von Brönsted, erörtert worden. Diese läßt sich als Eigenschaft eines Einzelions thermodynamisch nicht exakt messen. Wenn man als Aziditätsmaß den *pw*H-Wert akzeptiert, dann nimmt dieser, wird Wasser durch Alkohole oder Ketone ersetzt, bei gleicher Konzentration der Säure mit wachsendem Gehalt an organischem Lösungsmittel monoton und eindeutig ab. Extrapoliert man auf die Säurekonzentration Null und schaltet damit Dissoziationseinflüsse des Lösungsmittels aus, so erhält

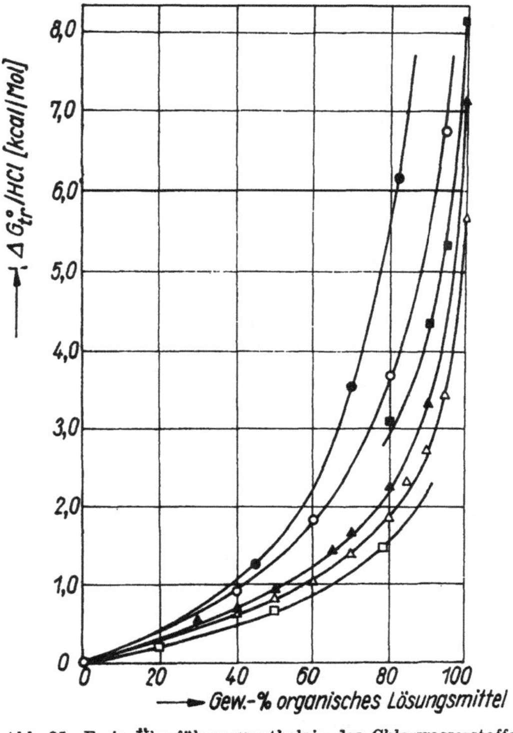

Abb. 35. Freie Überführungsenthalpie des Chlorwasserstoffes beim Übergang von Wasser zu organischen Lösungsmitteln

— ● — ● —	Dioxan	— ▲ — ▲ —	Äthanol
— ○ — ○ —	Azeton	— △ — △ —	Methanol
— ■ — ■ —	n-Butanol	— □ — □ —	Glykol

man aus Ketten ohne Überführung vom Typ (3.3.r) einmal in H_2O, zum anderen in dem betreffenden Lösungsmittel (Sl), die freie Überführungsenthalpie der Säure von Wasser in (Sl) unter Standardbedingungen (ΔG^0_{tr}). Sie ist für die meisten Lösungsmittel positiv, d. h. die Azidität der Säure nimmt zu (s. Abb. 34 und 35). Damit ist natürlich nicht entschieden, ob ΔG^0_{tr} für $H^\cdot$ oder für A' positiv oder erst für beide positiv ist, sondern nur ihre Summe ist positiv. Die freie Standardüberführungsenthalpie einzelner Ionen läßt sich mit thermodynamisch exakten Methoden nicht bestimmen. Die molekulartheoretischen Berechnungen gehen meist von dem Bornschen Ansatz aus oder es wird angenommen, daß bei bestimmten Elektrolyten mit großem Radius beider Ionen die ΔG^0_{tr}-Werte für beide Ionen gleich sind. Für das $H^\cdot$ erhält man beim Übergang vom Wasser in Alkohole je nach Rechnungsgang positive oder negative Werte und damit eine Zu- oder Abnahme der Azidität [203]. Da die konventionellen pH-Werte beim Übergang von Wasser in Alkohole in ähnlicher Weise abnehmen wie die *pw*H-Werte, liegt die Annahme einer Aziditätszunahme nahe. Nun sind aber mit bestimmten Indikatoren Zunahmen der Hammett-Funktion gemessen worden, wobei allerdings meistens bei mittleren Gehalten an Alkohol (60 bis 70 Gewichtsprozent) ein Maximum durchlaufen wird, während *pw*H und pH monoton abnimmt (s. Abb. 36). Obwohl bereits Bates und Schwarzbach [204] 1955 eindeutig gezeigt haben, daß die Hammett-Funktion je nach dem verwendeten Indikator sehr verschiedene Werte haben kann, wahrscheinlich weil seine Wechselwirkung mit dem Lösungsmittel eine Rolle spielt, werden solche Messungen noch oft zur Stützung theoretischer Ergebnisse benutzt, die eine Aziditätsabnahme in organischen Solventien liefern [105].

Neuere Untersuchungen mit Ketten vom Typ (Harned-Owen-Zelle [206])

$$\underset{\varepsilon_{Ph}}{(Pt)H_2/HA(H_2O)//HA(SL)/H_2(Pt)} \qquad (8.a)$$

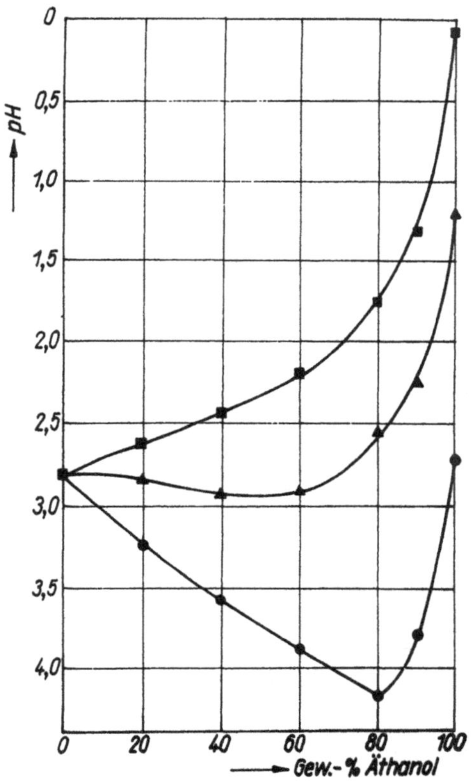

Abb. 36. *pw*H-Wert, H_0- und H_--Funktion in Abhängigkeit vom Äthanolgehalt (*Elektrolyt:* 0,002 M HCl + 0,008 M NaCl)

– ■ – ■ – *pw*H
– ▲ – ▲ – H_- (subst. Phenol)
– • – • – H_0 (subst. Amin)

bei denen durch Extrapolation auf die Elektrolytkonzentration Null die Diffusionspotentiale eliminiert wurden, ergaben ebenfalls einen monotonen Anstieg der freien Standardüberführungsenthalpie des H^+, also Zunahme der Azidität mit wachsendem Alkoholgehalt, wenn man

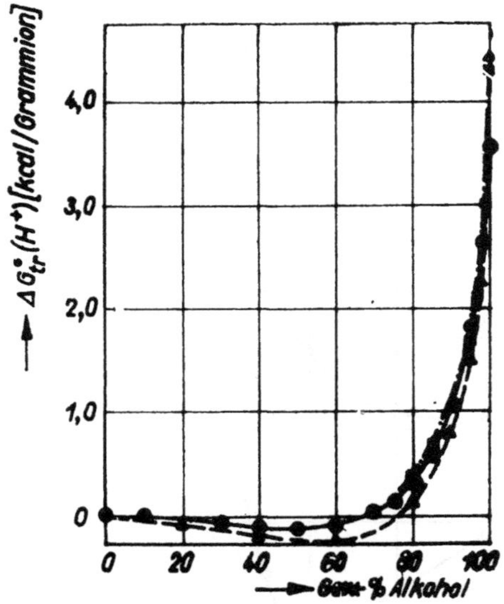

Abb. 37. Näherungswerte für ΔG^0_{tr} (H^+) für den Übergang des $H^{\cdot}$ von Wasser zu Alkohol-Wasser-Gemischen, ermittelt mit der Annahme $\varepsilon_{Ph} \approx 0$

— ■ — · — ■ — n-Butanol
— ● — ● — Methanol
— ▲ — ▲ — Äthanol

voraussetzt, daß an der Grenze zwischen den beiden Lösungsmitteln bei der Ionenstärke Null keine „Phasengrenzpotentiale“ größer als etwa 10 mV auftreten [207] (s. Abb. 37). Zusammenfassend kann gesagt werden, daß ein exakter Vergleich der Azidität zwischen Säuren in verschiedenen Lösungsmitteln nicht möglich ist und daß die potentiometrischen Messungen für Alkohole und

Ketone eine Aziditätszunahme (pH-Abnahme) gegenüber Wasser wahrscheinlich machen. Für einen Vergleich im gleichen Lösungsmittel sind sowohl die Wasserstoff- wie die Glaselektrode brauchbar.

In Salzschmelzen kann man natürlich keine pH-Werte messen. Wohl aber können Glaselektroden zur Messung anderer Ionenaktivitäten, z. B. von Na^+ oder K^+, verwendet werden [208]. Auch für andere analytische Zwecke werden Glaselektroden zur Untersuchung von Salzschmelzen in zunehmendem Maße eingesetzt [209].

Bei der pH-Messung unter Betriebsbedingungen liegen häufig Dispersionen von festen Stoffen oder auch wasserunlöslichen Flüssigkeiten in wäßrigen Lösungen vor. Im Prinzip könnte man erwarten, daß solche Systeme sich in ihrem Verhalten nicht von wäßrigen Lösungen unterscheiden. Wenn das Dispersionsmittel eine organische Flüssigkeit ist, etwa eine Dispersion von Wasser oder Ton in Öl, sollten die pH-Messungen zum Vergleich der Azidität in dieser Flüssigkeit verwendbar sein. Soweit Dispersionen in organischen Medien untersucht sind, trifft dies wohl zu, wobei allerdings zu beachten ist, daß der Gehalt an im Dispersionsmittel homogen gelöstem Wasser den pH-Wert bei gleicher Säurekonzentration ganz erheblich verändern kann.

In wäßrigen Dispersionen wurde schon von PALLMANN [210] festgestellt, daß der potentiometrisch im Dispersionsmittel nach Sedimentation der dispersen Phase gemessene pH-Wert sich von dem in der Suspension gemessenen Wert erheblich unterscheiden kann (bis zu 2 pH). Dieser sogenannte Suspensionseffekt ist mit verschiedenen Elektrodensystemen vielfach untersucht worden. Zum Teil wurden widerspruchsvolle Ergebnisse erhalten und dem Effekt wurden theoretisch verschiedene Ursachen zugeschrieben. Einerseits wurde angenommen, daß die disperse Phase in das Dispersionsmittel $H^{\cdot}$ bzw. OH' entsendet, die in der Suspension mit zur Messung gelangen, aber elektrostatisch an die disperse Phase gebunden sind. Dabei tritt bei ihrer Sedimentation im

Dispersionsmittel eine echte pH-Verschiebung ein[1]). Andererseits wurde der pH-Unterschied zwischen Suspension und Dispersionsmittel darauf zurückgeführt, daß an der Phasengrenze zwischen Suspension und Elektrolyt der Bezugselektrode Diffusionspotentiale oder DONNAN-Potentiale [211] auftreten, die einen pH-Unterschied zwischen Suspension und Dispersionsmittel vortäuschen. Die unterschiedlichen Auffassungen sind wahrscheinlich auch dadurch begünstigt worden, daß die Einstellung der konstanten Spannungsdifferenz zwischen Meß- und Bezugselektrode sehr lange Zeit (mehrere Tage) in Anspruch nimmt, wenn man im Dispersionsmittel über dem Niederschlag mißt. Da dieser stationäre Zustand nicht immer abgewartet wurde, sind unterschiedliche Ergebnisse erhalten worden, die die Interpretation erschwert haben. Untersuchungen in der letzten Zeit [212] mit Glaselektroden und Bezugselektroden mit Schliffbrücke (s. S. 80) haben ergeben, daß eine echte pH-Differenz auftreten kann, die wahrscheinlich die bereits erwähnten Ursachen hat. Außerdem können auch DONNAN- bzw. Diffusionspotentiale eine Rolle spielen. Es wurden die in Abb. 38 dargestellten vier verschiedenen Anordnungen von Glaselektrode und Kalomelelektrode verwendet. In Dispersionen von Zellstoff oder Zinkoxid konnte nachgewiesen werden, daß

$$\mathrm{pH}_0 = \mathrm{pH}_{S_1} \text{ und } \mathrm{pH}_{S_2} = \mathrm{pH}_{S_3} \qquad (8.2.)$$

sind. Damit können Diffusions- oder DONNAN-Potentiale in diesen Fällen keine Rolle spielen, allerdings streuen die Werte relativ stark, das Ergebnis (8.2.) wurde durch statistische Auswertung zahlreicher Meßergebnisse gesichert. Im Falle des Zellstoffes war $\Delta \mathrm{pH} = \mathrm{pH}_0 - \mathrm{pH}_{S_2} = 0{,}27$, bei Suspensionen von Zinkoxid war erwartungsgemäß diese Differenz negativ: $\Delta \mathrm{pH} = \mathrm{pH}_0 - \mathrm{pH}_{S_2} = -0{,}1$. Mit

[1]) Damit in Übereinstimmung befinden sich alte Untersuchungen von F. E. RICE und S. OSUGI, Soil Science 5 (1918), 333, wonach Bodensuspensionen Rohrzucker rascher invertieren als Bodendispersionen.

der Konzentration an disperser Phase nimmt die pH-Differenz annähernd linear zu, was auf eine echte Aziditätsänderung schließen läßt. Der Wert in der Dispersion (pH_S) unterscheidet sich nur wenig von pH_{S_2} bzw. pH_{S_3} ($\pm 0{,}03$ pH). Außerdem wurde aus der Spannungsdifferenz zwischen zwei Glaselektroden, von denen die eine in das Dispersionsmittel, die andere in das Sediment tauchte, innerhalb der Streubreite der Werte (0,02 pH) dieselbe

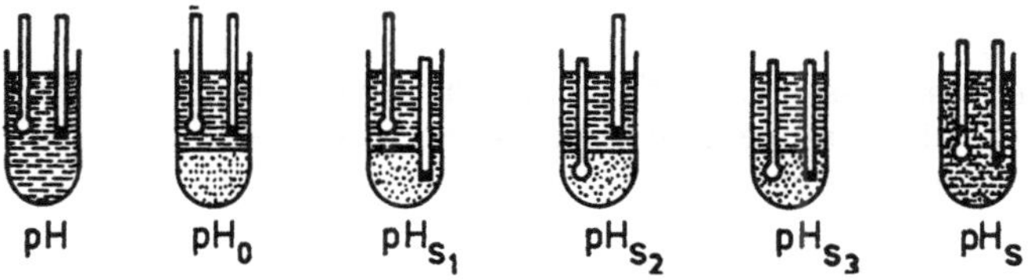

Abb. 38. Verschiedene Anordnungen von Glaselektroden zur Bestimmung des Dispersionseffektes

pH-Differenz ermittelt. Schließlich konnte auch aus Ketten ohne Überführung ein entsprechender Aziditätsunterschied ermittelt werden. Dazu wurde das Dispersionsmittel 10^{-2} M an KCl gemacht und die Spannung der Glaselektrode im Dispersionsmittel bzw. im Sediment gegen eine ins gleiche Medium tauchende Ag/AgCl-Elektrode gemessen (Zellstoff ΔpH $= 0{,}29$, Zinkoxid ΔpH $= -0{,}1$).

Bei Ionenaustauscher- und Tonsuspensionen wurden dagegen zusätzlich Effekte festgestellt, die auf Potentialdifferenzen an der Bezugselektrode zurückzuführen sind. Mit Ketten ohne Überführung lag die Spannungsdifferenz bei Ionenaustauschern (Dowex 50 WX 8 und Dowex 2 X 8) bei verschiedener Stellung der Elektroden innerhalb der Fehlergrenzen (0,1 bis 0,2 mV), dagegen waren die „pH-Differenzen" bei Dowex 50 WX 8 $pH_0 - pH_{S_1} = 2{,}19 - 0{,}71 = pH_{S_2} - pH_{S_3}$ und bei Dowex 2 X 8 $pH_0 - pH_{S_1} = 2{,}43 - 3{,}28 = pH_{S_2} - pH_{S_3}$. Hier handelt es sich also nicht um echte pH-Unterschiede, sondern um

Grenzflächenpotentiale. Die Potentialdifferenzen an den Bezugselektroden sind stark vom Verschluß der Flüssigkeitsbrücke abhängig. Sie sind am kleinsten bei Verwendung von Schliffbrücken (≤ 50 mV) und können bei porösen Stoffen (Ton oder Papier) Werte von > 100 mV annehmen, wenn es sich um Dispersionen handelt, deren Transporteigenschaften an der Phasengrenze zur Bezugselektrode zu großen Diffusionspotentialen führen. Man hat aber durch die beschriebenen Meßverfahren die Möglichkeit zu entscheiden, ob echte pH-Differenzen vorliegen bzw. welchen Anteil sie am „Suspensionseffekt" ausmachen. Seine Beachtung erscheint vor allem bei pH-Messungen in biologischen Systemen mit kolloiddispersen Komponenten wichtig.

9. Industrielle pH-Messungen und -Regelungen

In den Laboratorien der Industrie werden die pH-Messungen heute vorwiegend potentiometrisch mit Glaselektroden durchgeführt, gelegentlich wird der pH-Wert auch noch kolorimetrisch oder mit Indikatorpapier vorgenommen. Dabei können gegenüber dem mit der Glaselektrode richtig bestimmten Wert Differenzen bis zu 2 pH auftreten, das liegt an den früher geschilderten Eigenschaften der pH-Indikatoren und -Papiere. Zur laufenden Kontrolle und Regelung in Reaktionsbehältern, Rohrleitungen, Abwasserkanälen und Flüssen werden heute ebenfalls fast ausschließlich Glaselektroden verwendet; nur in wenigen Industriebetrieben, wo Reduktions- oder Oxidationsmittel nicht stören, werden noch immer Metallelektroden (insbesondere Antimon) eingesetzt. Auch für die pH-Messung in flußsauren Abwässern sind mit Oxid versetzte Antimonelektroden vorgeschlagen worden, die selbst bei höheren HF-Gehalten bis auf $\pm 0{,}15$ pH richtige Werte anzeigen, wenn keine störenden Redoxsysteme vorliegen [213]. Im technischen Betrieb spielt der Schutz der Glaselektrode gegen mechanische

Zerstörungen eine wichtige Rolle. Wird in offenen Behältern gemessen, so verwendet man Eintauchgeber, bei denen Glas- und äußere Ableitelektrode (bzw. eine Einstabkette) in einem perforierten Schutzkorb sitzen. Um in rasch strömenden Flüssigkeiten die Zerstörung der Glaselektrode durch Aufprallen fester Teile zu verhindern, ordnet man vor dem Korb noch einen Schutzkeil an (s. Abb. 39). Die gesamte Armatur kann für

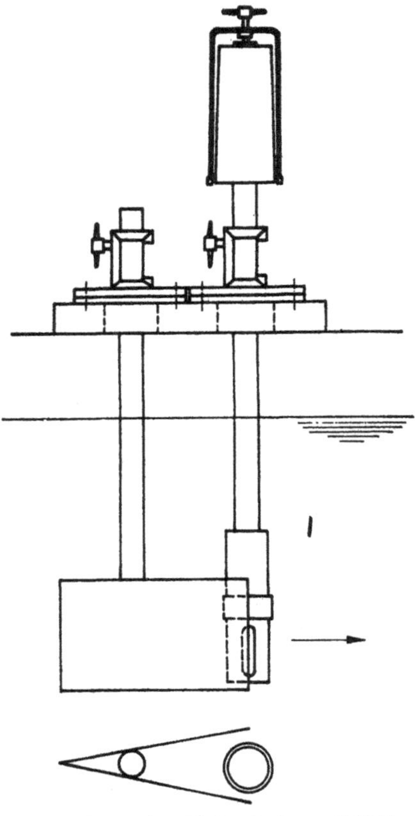

Abb. 39. Einsatz eines Eintauchgebers mit Strömungskeil

Temperaturen < 100 °C aus geeigneten hochpolymeren organischen Werkstoffen hergestellt werden. Wenn sich die Niveauhöhe der Meßflüssigkeit ändert, kann die Eintauchtiefe verändert werden, wie Abb. 40 zeigt. Einen Eintauchgeber, der mit einem Flansch direkt in eine geschlossene Rohrleitung eingebaut wird, wo der Flüssigkeitsstand der Lösung für die Bezugselektrode durch ein Schauglas kontrolliert werden kann, zeigt Abb. 41. Damit das eventuell unter Überdruck stehende Meßgut nicht in die Bezugselektrode eindringen kann, steht deren Lösung (z. B. ges. KCl) unter einem an einem Manometer zu kontrollierenden Überdruck. Bei rasch und unregelmäßig veränderlichem Niveau, z. B. in Flußläufen, verwendet man vorteilhaft „Schwimmerelektroden", wie Abb. 42 eine zeigt. Wenn der Weg zwischen Meßstelle und Anzeigegerät oder Schreiber groß ist, wird der Verstärker (s. S. 164) direkt in die Armatur eingebaut, so daß Störfelder, die auf die Leitung wirken, nicht wirksam werden. Für geschlossene Leitungen werden sogenannte Durchflußgeber benutzt, die direkt mit Flanschen in die Rohrleitung oder in eine Nebenschlußleitung mit kleinerer Durchflußmenge und -geschwindigkeit eingebaut werden. Wie Abb. 43 zeigt, sitzen die Elektroden in einem Gefäß aus Kunststoff oder Stahl, bei sehr aggressiven Flüssigkeiten Chromnickelstahl, mit Zu- und Abflußstutzen. Die Anschlußstücke für die Elektrode sind durch einen Kunststoffdeckel gegen Spritzwasser geschützt. Neben hohen Temperaturen und Drücken (s. Kap. 6.) treten manchmal zusätzliche Schwierigkeiten auf, die besondere Maßnahmen erfordern.

Bei sehr wenig gepufferten wäßrigen Lösungen, wie den mit Ionenaustauschern vollentsalzten Kesselspeisewässern, muß die Alkaliabgabe des Glases in jedem Fall berücksichtigt werden. Daher wird man Elektrodengläser mit geringem Alkaligehalt und hohem elektrischem Widerstand verwenden und außerdem das zu messende Wasser an der Elektrode vorbeifließen lassen, bei betrieblichen Messungen im Wasserkreislauf sind noch zusätz-

Abb. 40. Eintauchgeber mit Einstabmeßkette

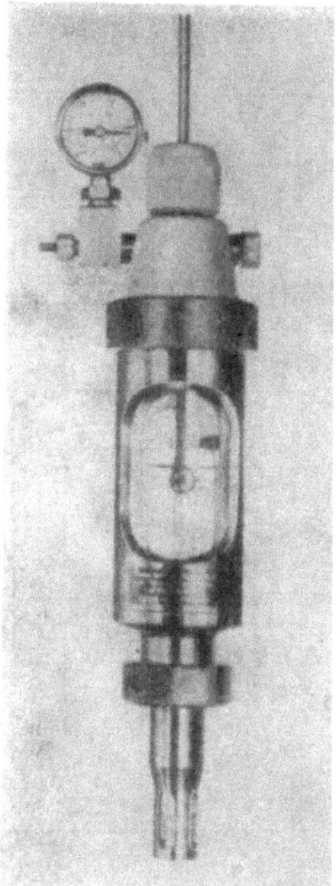

Abb. 41. Eintauchelektrode zum Einbau in Rohrleitungen

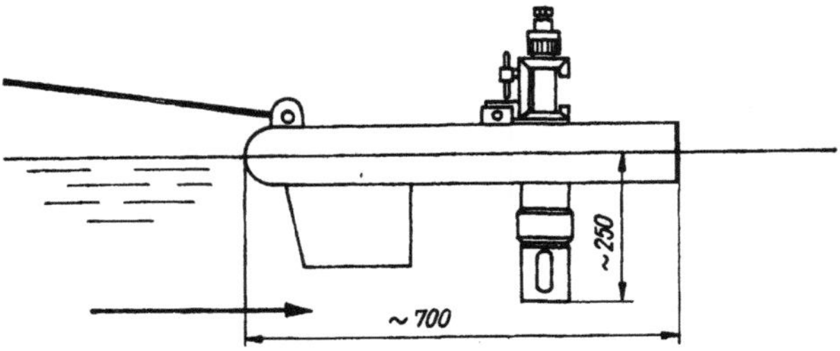

Abb. 42. Schwimmermeßkette

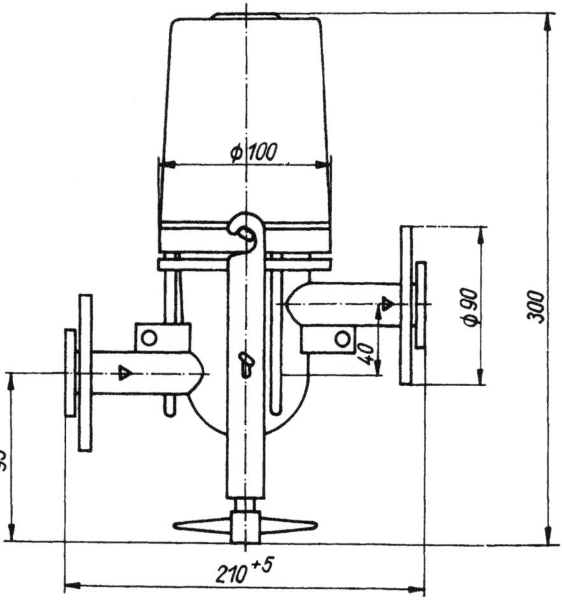

Abb. 43. Durchflußgeber zum Einflanschen in Rohrleitungen

lich meßtechnische Schwierigkeiten wegen der geringen Leitfähigkeit solcher Wässer ($\varkappa = 10^{-7}$ S cm^{-1}) zu beachten [214]. Vor allem ist der Abstand zwischen Meß- und Bezugselektrode so klein wie möglich zu halten und der Eichung besondere Aufmerksamkeit zu widmen. Die Strömung des zu messenden Wassers sollte nicht zu groß und konstant sein, um Strömungspotentialeffekte auszuschließen.

Bei stark mit Öl oder anderen wasserunlöslichen Flüssigkeiten verunreinigten Wässern überzieht sich die Glaselektrode mit einem Film dieser Flüssigkeiten und zeigt dann falsche pH-Werte an, mindestens aber ist die Anzeige stark verzögert. Man muß daher die Glaselektrode möglichst nach jeder Messung mit einem organischen Lösungsmittel, das den Film löst, spülen und anschließend wässern. Eine Kontrollmessung mit einer Pufferlösung zur Prüfung der Funktionstüchtigkeit der Glaselektrode sollte sich anschließen. Zur laufenden Betriebskontrolle in stark verschmutzten Abwässern werden verschiedene Arten von Elektroden eingesetzt, die mit mechanischen Mitteln ständig gereinigt werden [215]. Eine solche mit rotierenden Kunststoffbürsten gereinigte Glaselektrode zeigt Abb. 44. Die sehr langsam rotierenden Bürsten ändern ihre Drehrichtung periodisch, dadurch wird der Reinigungseffekt verstärkt, die Lebensdauer der Elektroden wird nicht wesentlich verkürzt. Bei Verschmutzung mit Öl, Fett oder dergleichen ist trotzdem eine häufige Spülung mit diesen Schmutz lösenden Solventien empfehlenswert, wobei auch die Bürsten mit gereinigt werden sollten.

Die Glaselektroden können auch dadurch ihre Meßfähigkeit verlieren, daß auf ihnen aus übersättigten Lösungen Salzschichten auskristallisieren. Besondere Schwierigkeiten bereitet die Ausscheidung von Kalziumkarbonat auf Glaselektroden, die zur pH-Messung vor allem im Betrieb von Zuckerfabriken verwendet werden. Man kann durch hohe Strömungsgeschwindigkeiten der Zuckersäfte die Abscheidung auf der tangential angeströmten Elektrode verzögern, aber nicht vollständig verhindern, Bürsten oder dergleichen sind nicht sehr lange wirksam, weil sich auch auf ihnen $CaCO_3$ (oder

Abb. 44. Durchflußgeber mit automatischer Elektrodenreinigung
1 – Bürste (rotiert), dahinter Glaselektrode (wird um 270° hin- und hergedreht)

andere Salze) abscheidet. In der Zuckerindustrie hat es sich als vorteilhaft erwiesen, die Übersättigung an $CaCO_3$ in dem zur Messung gelangenden Teilstrom dadurch vorher aufzuheben, daß man in einem Strömungsrohr Keimbildner, am besten das betreffende Salz, also z. B. $CaCO_3$, in Form feiner Kristalle zusetzt. Auf diese Weise ist es möglich, die Bildung von festen Salzschichten auf der Glaselektrode vollständig zu vermeiden [216]. In Abb. 45, die schematisch eine pH-Regelanlage der zweiten Saturation der Zuckerproduktion mit Kohlendioxid als Neutralisationsmittel darstellt, wird ein Teilstrom der Meßflüssigkeit duich einen konischen Behälter *W* (Wirbosreaktor) geleitet, wo er Kalziumkarbonat aufwirbelt und damit die Übersättigung an dem gelösten Salz aufhebt. Erst dann durchströmt er die Durchflußmeßzelle, die über den Verstärker MV 820 und Regler den CO_2-Strom steuert.

Wenn die Abwässer a priori sehr viele feste Schwebstoffe enthalten, ist eine mechanische Reinigung im allgemeinen völlig ausreichend, es ist aber darauf zu achten, daß die Flüssigkeitsverbindung mit der Bezugselektrode nicht unterbrochen wird. Das ist am leichtesten mit Schliffbrücken zu erreichen. Besonders aber ist zu berücksichtigen, daß wegen des von Pallmann [217] entdeckten „Suspensionseffektes" beträchtliche pH-Unterschiede zwischen der kolloiden Dispersion und dem reinen Dispersionsmittel (Wasser) auftreten können (s. S. 147). Man hat also entweder immer im reinen, von den Schwebestoffen getrennten Dispersionsmittel oder im gleichen Dispersionszustand zu messen, die Eintauchtiefe beider Elektroden spielt eine Rolle für den gemessenen pH-Wert (s. S. 149). Von Lehmann u. Mitarb. [218] sind speziell in Feldspatsuspensionen umfangreiche Untersuchungen über den Einfluß des Dispersitätsgrades sowie die Feststoffkonzentration durchgeführt worden, die allerdings wegen der starken Abhängigkeit des Suspensionseffektes von der Ladung der Teilchen nicht ohne weiteres auf andere Suspensionen übertragbar sind. Zur Reinigung der Elektroden, insbesondere von Faserstoffkrusten, ist auch Ultraschall angewendet worden [219].

Bei Messungen in Mineralwässern ist natürlich darauf zu achten, daß der Gehalt an CO_2 gegenüber dem nativen

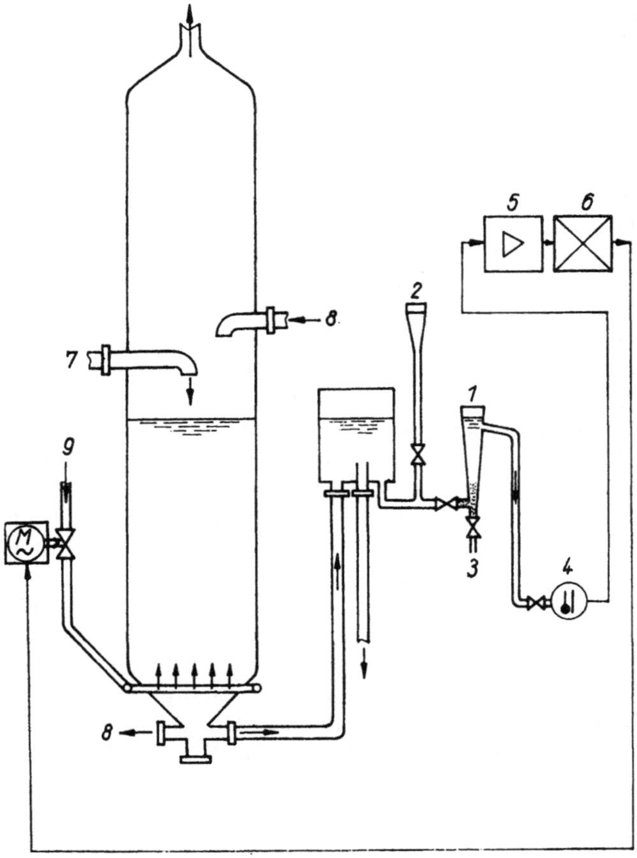

Abb. 45. Einsatz eines Schnellreaktors in der Zuckerindustrie (2. Saturation)
1 — Schnellreaktor; *2* — Entlüftung; *3* — Ablaßventil; *4* — pH-Meßkette; *5* — Meßverstärker; *6* — Regler; *7* — Zulauf für Zuckersaft; *8* — Umlaufleitung für Zuckersaft; *9* — CO_2-Zufuhr

Wasser bei der Messung nicht verändert wird. Von Krjukov [220] sind dafür geeignete Meßzellen mit Glaselektroden beschrieben worden.

In vielen Industriezweigen, insbesondere in der Lebensmittelindustrie, ist auch die pH-Messung in pastösen oder halbfesten Stoffen als wichtig erkannt worden. Natürlich hat eine solche Messung nur Sinn, wenn derartige Stoffe noch Wasser enthalten und man sie mit dem pH-Wert in wäßrigen Lösungen vergleichen kann. So hat in Molkereibetrieben die pH-Messung zur Beurteilung von Qualität und Haltbarkeit von Quark, Käse und Butter Bedeutung erlangt [221]. Auch in Fleisch und Fleischwaren hat sich der pH-Wert bis zu einem gewissen Grade als Qualitätskriterium erwiesen. Für derartige Zwecke werden Einstichelektroden verwendet, die oft als Einstabketten ausgebildet sind (Abb. 46).

Für die pH-Messung von Filmen, Folien, Geweben und Papier sind Glaselektroden mit flachen Membranen und Bezugselektroden entwickelt worden, bei denen ebenfalls flache poröse Glasplättchen oder andere Diaphragmen die Verbindung zwischen Meßgut und Bezugselektrode herstellen (Abb. 47). In einer Untersuchung von Palenius, Ålander und Juselius [222] wird gezeigt, daß die pH-Werte von Papier, die durch verschiedene Extraktionsverfahren mit kaltem oder heißem Wasser bzw. NaCl-Lösung im Extrakt erhalten werden, zum Teil beträchtlich (1 pH) von den Werten abweichen, die durch direkte Messung auf Papier erhalten wurden. Das dürfte auch für Messungen an anderen Folien zutreffen. Statistische Untersuchungen, die wegen der relativ großen Streuungen der Werte am gleichen Material durchgeführt wurden, ergaben für die verschiedenen Methoden etwa die gleiche Standardabweichung bzw. den gleichen Vertrauensbereich. Solche Elektroden sind auch geeignet, den pH-Wert von flächigen Gebilden wie Papier, Textilgewebe, Polymerfolien usw. während der Herstellung auf der Maschine laufend zu kontrollieren.

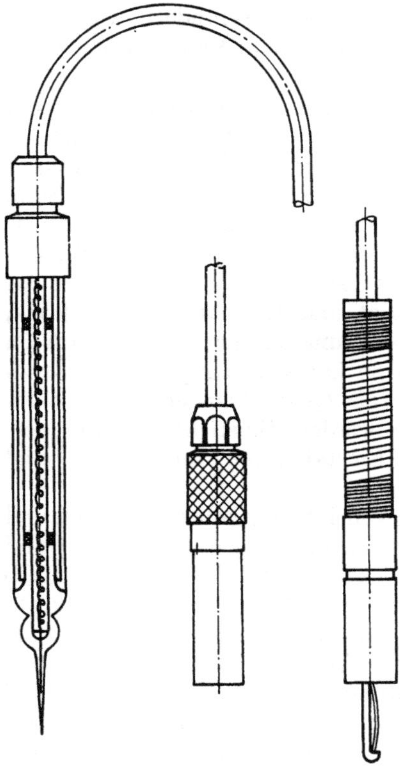

Abb. 46. Nadelförmige Einstich-Elektrode

Elektroden, wie in Abb. 47 dargestellt, haben sich auch bei der Bestimmung des pH-Wertes der Haut bewährt.

Generell muß zur pH-Kontrolle mit registrierender Aufzeichnung des von Glasketten indizierten pH-Wertes bemerkt werden, daß diese Geräte einer laufenden Überwachung bedürfen, indem der angezeigte pH-Wert durch Messung der betreffenden Flüssigkeit im Laboratorium mit einer anderen Anordnung, die mit Pufferlösung standardisiert ist, kontrolliert wird. Bei größeren Abweichungen gegenüber dem registrierten pH-Wert muß die Meßkette im Geber mit Pufferlösungen neu standardisiert bzw. ausgewechselt werden. Einen Überblick über die für

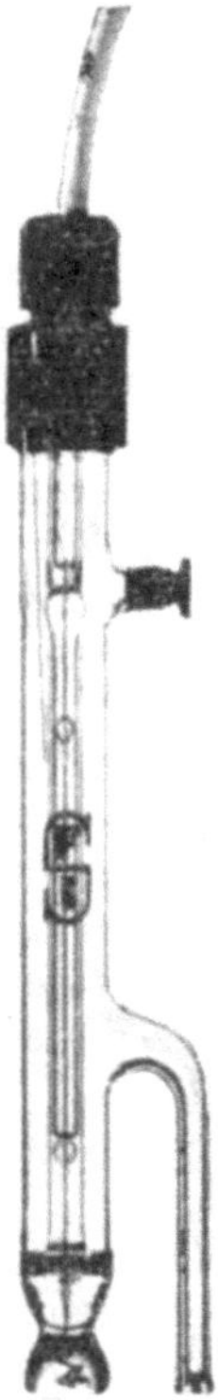

Abb. 47. Glaselektroden-Einstabmeßkette für Oberflächen-pH-Messungen

die industrielle pH-Messung mit Glaselektroden gebräuchlichen Armaturen und deren Bedeutung als Elemente der elektrischen Schaltung, die zweckmäßig zu erden sind, gibt Süss [223].

Die selben Schwierigkeiten, die bei der betrieblichen pH-Registrierung aufgeführt worden sind, müssen auch bei der pH-Regelung, auf die hier nicht näher eingegangen werden kann, beachtet werden. Es sei nur darauf hingewiesen, daß jede pH-Regelanlage den vorliegenden Bedingungen sorgfältig angepaßt werden muß, um optimal den pH-Wert in den geforderten Grenzen zu halten. Dabei sind die zu erwartenden pH-Änderungen, die Geschwindigkeit der Änderung, die Strömungsgeschwindigkeit der zu regelnden Flüssigkeit und deren Schwankungen, die Toleranz innerhalb der der pH-Wert noch schwanken darf, die Pufferkapazität der zu regelnden Flüssigkeit und die zur Regelung vorgesehene Säure oder Base von Bedeutung. In Abb. 45 ist eine einfache pH-Regelung mit dem gasförmigen Neutralisationsmittel CO_2 einer kalkalkalischen Zuckerlösung schematisch dargestellt. Gasförmige Neutralisationsmittel bieten in bezug auf die Dosierung mancherlei Vorteile. Eine Anlage zur Neutralisation saurer Abwässer mit Kalkmilch ist in Abb. 48 dargestellt. Hier wird dem Abwasser, das einen Kaskadenreaktor über mehrere Teller mit Rührvorrichtung durchströmt, Kalkmilch ebenfalls in diesem Reaktor von oben zugeführt. Ihr Zufluß wird dadurch dosiert, daß dem Reaktor oben und unten ein Teilstrom des Wassers entnommen wird, der zwei Durchflußgeber passiert, die über Verstärker und Regler den Kalkmilchzufluß so steuern, daß das Abwasser den Reaktor mit dem gewünschten pH-Wert verläßt.

Ein Beispiel einer mehrstuffigen pH-Regelung bei der Erzflotation zeigt Abb. 49. Das zur Erzaufarbeitung benötigte Grubenwasser wird zunächst mit Kalkmilch einer Grobregelung und anschließend einer Feinregelung mittels PI-Reglern unterzogen. Nachdem es zusammen mit dem Erz der Kugelmühle zugeführt wurde, findet erneut eine pH-Regelung mit Hilfe eines Schrittreglers statt. Das gemahlene Gut wird danach mit dem Wasser und den Flotationsmitteln einer nochmaligen pH-Regelung mit PI-Reglern unterzogen. Auf diese Weise läßt sich der Flotationsprozeß optimieren.

Die große Bedeutung der industriellen pH-Kontrolle und -Regelung geht daraus hervor, daß das Forschungs-

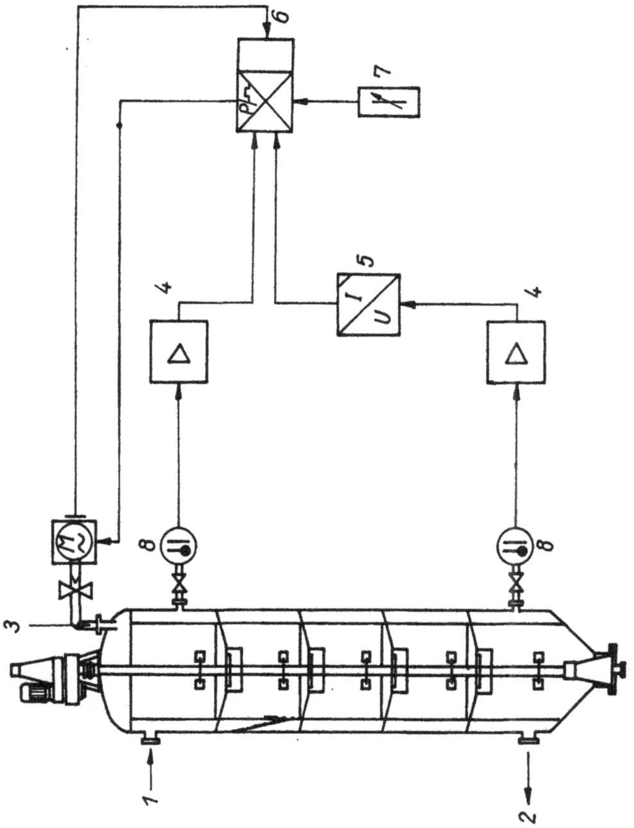

Abb. 48. **Kaskadenregelung in der Abwasseraufbereitung**

1 – Zulauf des Abwassers; *2* – Ablauf des Abwassers; *3* – Zulauf der Kalkmilch; *4* – pH-Meßverstärker; *5* – Potentialtrenner; *6* – Regler; *7* – Bedienungsgerät; *8* – pH-Meßkette institut Meinsberg bereits über 3000 solcher Anlagen für die verschiedensten Industriezweige in der DDR herstellte.

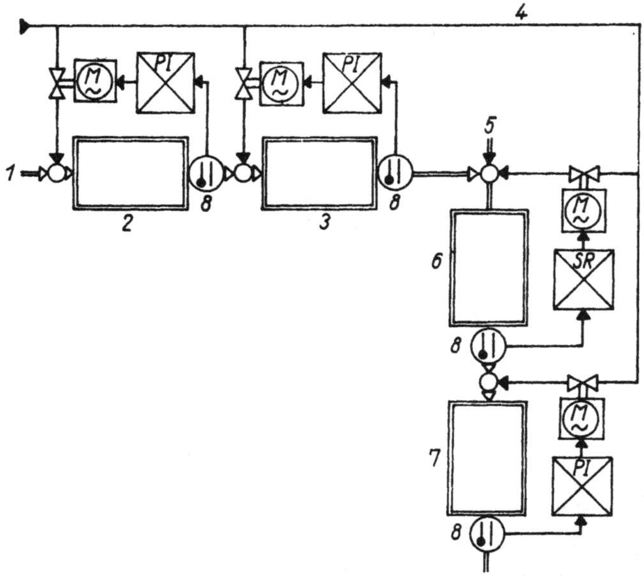

Abb. 49. Mehrstufige pH-Wert-Regelung in einer Erzaufbereitungsanlage
1 – Zufluß des Grubenwassers; *2* – 1. pH-Wert-Regelkreis; *3* – 2. pH-Wert-Regelkreis; *4* – Kalkmilchzulauf; *5* – Erzzufuhr; *6* – pH-Wert-Regelung in der Kugelmühle; *7* – pH-Wert-Regelung in der Flotationsmaschine; *8* – pH-Meßkette

10. Geräte zur elektrometrischen pH-Messung

Die Entwicklung der Meßinstrumente für pH-Messungen, insbesondere mit der Glaselektrode, ist in den letzten Jahren von dem Wunsche bestimmt worden, möglichst hochohmige Elektroden (500 bis 1000 MΩ) ohne Verlust an Meßgenauigkeit und ohne Nullpunktsdrift verwenden zu können. Darüber hinaus werden möglichst handliche Geräte mit Batteriespeisung gewünscht, damit Feldmessungen oder Messungen am Krankenbett leicht möglich werden. Schließlich wird von

Abb. 50. **Batteriegespeistes Transistor-pH-Meter**

medizinischer Seite hohe Empfindlichkeit bei geringer Störanfälligkeit und guter Nullpunktskonstanz zur Blut-pH-Messung gefordert.

Diesen Forderungen kommt die Entwicklung der Transistorverstärker in hohem Maße entgegen. Sie haben bei geeigneter Schaltung, insbesondere bei Verwendung von Feldeffekttransistoren, Eingangswiderstände von 10^{12} bis 10^{14} Ω, d. h. über drei Größenordnungen höhere Widerstände als Glasketten mit 1000 MΩ. Bekanntlich sollte der Eingangswiderstand mindestens zwei Größenordnungen höher sein als der Kettenwiderstand. Der Raumbedarf der Transistorverstärker ist

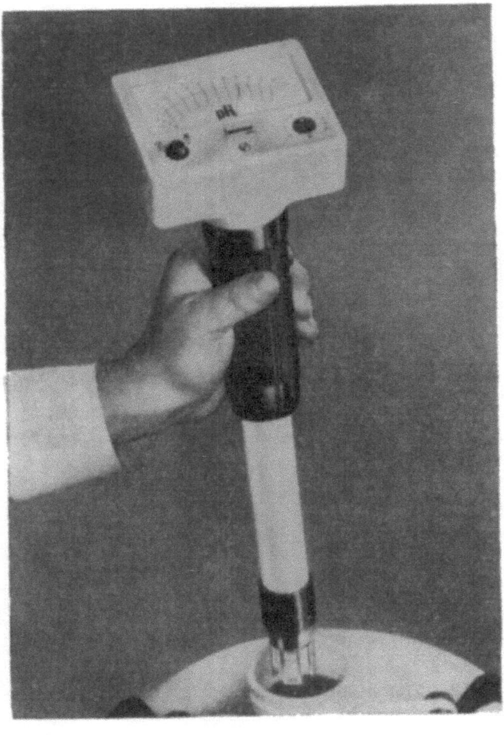

Abb. 51. Eintauchmeßkopf mit aufgesetztem pH-Meßgerät

bedeutend geringer als der von Röhrenverstärkern; ebenfalls ihr Stromverbrauch, so daß Batterien mit relativ geringer Kapazität und damit geringem Gewicht zur Stromversorgung verwendet werden können. Bei starker

Gegenkopplung läßt sich eine völlig ausreichende Nullpunktskonstanz erreichen, und eine Meßempfindlichkeit von 0,001 pH bietet ebenfalls keine Schwierigkeiten. Auf Einzelheiten kann hier nicht näher eingegangen werden. In Tab. 17 sind die Kenngrößen einer Anzahl moderner pH-Meßverstärker einander gegenübergestellt. Einige Geräte sind bereits mit digitaler Anzeige des pH-Wertes ausgestattet.

In Abb. 50 ist ein volltransistorierter, batteriegespeister pH-Meßverstärker dargestellt, der sowohl pH-Werte von 0 bis 14 als auch bei gespreizter Skala 2,8 pH mit einer Genauigkeit von 0,02 pH zu messen gestattet. Seine Abmessungen entsprechen denen eines Amperemeters oder Voltmeters (191 $\times$ 164 $\times$ 89 mm).

Für die industrielle pH-Registrierung und -Regelung müssen die Geräte zusätzliche Forderungen erfüllen. So müssen sie z. B. explosionsgeschützt sein. Um sie gegen Spritzwasser zu schützen, werden sie häufig zusätzlich in wasserdichte Gehäuse aus PVC oder dergleichen eingebaut. Ist ein großer Abstand zwischen Elektroden und Schreiber bzw. Regler unvermeidlich ($>$ 20 m), so sollte der Verstärker direkt bei den Elektroden angeordnet werden; bei Transistorbauweise läßt er sich so dimensionieren, daß er leicht auf dem Kopf der Elektroden angebracht werden kann (Abb. 51). Die Ausgangsleistung des Verstärkers muß dem Energiebedarf des Schreibers bzw. Reglers angepaßt sein.

Tabelle 17

Technische Daten verschiedener Batterie-pH-Meter

Gerät Hersteller Land	Meßbereiche pH	Meßbereiche mV	Genauigkeit ΔpH	Skalenlänge (mm)	Skalenteilung ΔpH	Batteriebetriebszeit (h)	Netzanschluß	Schreiberausgang	Abmessungen (mm)	Masse (kg)
TM 4 FSI Meinsberg - DDR	0–14 3,5–10,5	+1400 −1400 +140 −140	0,05	130	0,1 0,05	500	+	+	191 164 89	1,6
TM 5 FSI Meinsberg - DDR	0–14 5,6–8,4	+140 −140	0,02	130	0,1 0,02	500	+	+	191 164 89	1,6
TM 6 FSI Meinsberg - DDR	0–14	±500	0,1	130	0,1	500	+	+	191 164 89	1,6
MV 81 VEB Präcitronic - DDR	0–14 3,5–10,5	±700 ±350	0,05	80	0,2 0,1	300	+	+	215 145 100	1,6
901 Knick Westberlin	0–14	+1400 −1400	0,1	57	0,2	5200	−	+	230 100 45	0,7

902 Knick Westberlin	0–14 0–12,4 in 12 Stufen je 1,4 pH	+1240 –1240 in 12 Stufen je 140 mV	0,02	57	0,5 0,05	4500	–	+	230 100 45	0,7
pH 56 WTW BRD	0–14 4–10	±1000 ±500	0,02	75	0,2 0,05	400	–	+	150 90 60	0,5
PHM 29 Radiometer Dänemark	0–10 4–14	+700 bis –300 –700 bis +300	0,05	130	0,1	800	+	–	150 230 120	2,4
399 A Orion USA	0–14 5,6–8,4	±700	0,02	180	0,1 0,02	150	+	+	170 200 150	3,6
Chem-Mate Beckman USA	0–14	±700	0,1	140	0,1	720	+	–	260 220 120	0,7
Expand-Mate Beckman USA	0–14 6–8	±700	0,01	140	0,1 0,01	720	+	–	260 220 120	0,7

(Tabelle 17, Fortsetzung)

Technische Daten verschiedener Labor-pH-Meter mit analoger Anzeige

Gerät Hersteller Land	Meßbereiche pH	 mV	Genauigkeit ΔpH	Skalenlänge (mm)	Skalenteilung (pH)	Schreiberausgang	Abmessungen (mm)	Masse (kg)
MV 88 VEB Präcitronic - DDR	0–14 0–14,4 in 14 Stufen je 1,4 pH	+1400 –1400 ±1140 in 11 Stufen je 140 mV	0,005	220	0,1 0,01	+	310 300 80	3,5
510 Knick Westberlin	0–8 6–14	+1400 –1400 +700 –700 +140 –140	0,02	100	0,1	+	240 115 205	3,0
530 Knick Westberlin	0–8 6–14	+1400 –1400 +700 –700 +140 –140	0,02	140	0,05	+	290 175 80	4,0

540 Knick Westberlin	0–14 0–24 in 12 Stufen je 1,4 pH	±2500 in 12 Stufen je 1400 mV ±1240 in 12 Stufen je 140 mV	0,003	140	0,1 0,01	+	360 175 80	4,0
pH 40 WTW BRD	0–14	+1400 –1400	0,06	100	0,1	+	265 110 190	1,7
pHM 61 Radiometer Dänemark	0–14	+1400 –1400	0,03	160	0,1	+	300 100 225	3,1
pHM 26 Radiometer Dänemark	0–14 0–15,4 in 15 Stufen je 1,4 pH	±2800 in 15 Stufen je 1400 mV ±1540 in 15 Stufen je 140 mV	0,002	160	0,1 0,01	+	265 280 255	7,4
301 Orion USA	0–14	±400	0,04	110	0,2	–	120 240 100	3,0
Zeromatic Beckman USA	0–14	+1400 –1400 ±700	0,07	180	0,1	+	360 209 235	4,9

(Tabelle 17, Fortsetzung)

Technische Daten verschiedener Labor pH-Meter mit digitaler Anzeige

Gerät Hersteller Land	Meßbereiche pH	 mV	Genauigkeit ΔpH	Stellenzahl	Digitalausgang	Analogausgang	Abmessungen (mm)	Masse (kg)
Expandomatic Beckman USA	0–14 0–14,7 in 15 Stufen je 1,4 pH	+1400 −1400 ±1470 in 15 Stufen je 140 mV	0,007	180	0,1 0,01	+	360 209 235	4,9
MV 87 S VEB Präci- tronic - DDR	0,00 –14,00 6,000–7,999	±1999 ±199,9	0,01 0,002	31/2	+	+	355 325 100	5,0
643 Knick Westberlin	0,00–14,00	±1999	0,01	31/2	–	+	240 115 205	2,0
645 Knick Westberlin	0,000–14,000	±1999,9	0,002	41/2	+	+	240 115 205	3,0
520 WTW BRD	0,00–14,00	±1999	0,01	31/2	–	+	285 125 235	2,2

pHM 62 Radiometer Dänemark	0,00 – 15,00	±1500	0,01	31/2	–	+	300 100 220	3,2
pHM 64 Radiometer Dänemark	0,000 – 15,000	±1500,0 ±5000	0,002	41/2	+	+	300 100 220	3,4
3500 Beckman USA	0,00 – 14,00	±1999	0,01	31/2	+	+	178 210 330	5,7
4500 Beckman USA	0,000 – 14,000	±1999,9	0,001	41/2	+	+	178 210 330	5,7
601 Orion USA	0,00 – 13,99	±1999	0,01	31/2	+	+	330 180 90	5,0
801 Orion USA	0,000 – 13,999	±1999,9	0,002	41/2	+	+	390 310 160	5,5

11. Literatur

[1] K. SCHWABE, „*Physikalische Chemie*“, Bd. 2, Akademie-Verlag, Berlin 1975

[2] R. P. BELL, „*The Proton in Chemistry*“, Chapman & Hall, London 1973
E. F. CALDIN und V. GOLD (Ed.), „*ProtonTransfer-Reactions*“, Chapman & Hall, London 1975

[3] B. E. CONWAY und R. G. BARRADAS, „*Chemical Physics of Ionic Solutions*“, J. Wiley & Sons, Inc., New York 1966

[4] S. P. L. SÖRENSEN, Biochem. Z. **21** (1909), 131, 201

[5] K. SCHWABE, „*Physikalische Chemie*“, Bd. 1, Akademie-Verlag, Berlin 1975

[6] G. LEWIS und M. RANDALL, „*Thermodynamik*“, Springer-Verlag, Wien 1927

[7] R. G. BATES, „*Determination of pH, Theory and Practice*“, J. Wiley & Sons, Inc., New York 1964

[8] S. P. L. SÖRENSEN und K. LINDERSTRÖM-LANG, C. R. Trav. Lab. Carlsberg **15** (1924), 6

[9] K. SCHWABE, „*Physikalische Chemie*, Bd. 2, S. 52, Akademie-Verlag, Berlin 1975

[10] E. A. GUGGENHEIM, J. physic. Chem. **34** (1930), 1758

[11] D. J. HITCHCOCK, J. Amer. chem. Soc. **58** (1936), 855; **59** (1937), 2753

[12] S. ARRHENIUS, Z. physik. Chem. **4** (1889), 226
W. OSTWALD, J. prakt. Phys. (2) **31** (1885), 307

[13] G. BREDIG und W. FRAENKEL, Z. Elektrochem. angew. physik. Chem. **11** (1905), 525

[14] G. M. SCHWAB, „*Handbuch der Katalyse*“, Bd. 2, Springer-Verlag, Berlin 1943

[15] W. ALBER und K. SCHWABE, Z. physik. Chem. (Leipzig) **233** (1966), 123

[16] W. KORDATZKI, „*Taschenbuch der praktischen pH-Messung*“, Verlag Rudolph Müller und Steinicke, München 1949

[17] L. MICHAELIS et al., Biochem. Z. **109** (1920), 166
[18] B. LANGE, „*Kolorimetrische Analyse*", Verlag Chemie, Weinheim/Bergstr. 1964
[19] A. THIEL, „*Absolutkolorimetrie*", Springer-Verlag, Berlin 1939
[20] I. H. WORCH, Chem. Weekbl. **45** (1949), 190
[21] G. KORTÜM, „*Kolorimetrie, Photometrie und Spektrometrie*", Springer-Verlag, Berlin 1962
[22] L. P. HAMMETT, J. Amer. chem. Soc. **50** (1928), 2666
[23] weitere pH-Indikatoren s. K. SCHWABE, „*pH-Meßtechnik*", 4. Aufl., Theodor Steinkopff-Verlag, Dresden 1976
[24] vgl. z. B. R. G. BATES, „*Determination of pH, Theory and Practice*", S. 145f., J. Wiley & Sons, Inc., New York 1964
[25] vgl. z. B. F. B. MITCHELL, Bull. Inst. Mining Metallurgy Nr. 578: Trans. **64** (1955), 165
[26] E. BRENNECKE, „*Neuere maßanalytische Methoden*", Verlag Ferdinand Enke, Stuttgart 1952
J. DE MENT, J. chem. Educat. **30** (1953), 145
[27] R. H. M. SIMON, Analytic. Chem. **24** (1952), 1215
[28] L. ERDEY, Acta chim. Acad. Sci. hung. **3** (1953), 81
[29] A. JARISCH, Biochem. Z. **134** (1922), 177
J. W. McBAIN und K. G. HAY, J. chem. Soc. (London) **1929**, 589
E. L. SMITH, J. physic. Chem. **36** (1932), 1401, 1672
G. S. HARTLEY, Trans. Faraday Soc. **30** (1934), 444
J. STAUFF, Z. physik. Chem., Abt. A **191** (1942), 69
[30] vgl. K. SCHWABE, R. BENNEWITZ und H. HAUPTMANN, Wiss. Z. Techn. Hochsch. Dresden **2** (1952/53), 21
[31] E. MISLOWITZER, „*Die Bestimmung der Wasserstoffionenkonzentration von Flüssigkeiten*", Springer-Verlag, Berlin 1928
W. KORDATZKI, „*Taschenbuch der praktischen pH-Messung*", S. 43 und Indikatortabelle, Verlag Rudolph Müller und Steinicke, München 1949
W. K. P. LEPPER und H. MARTIN, „*Der Eiweißfehler bei der pH-Messung mit Neutralrot und Phenolrot*", Biochem. J. **21** (1927), 356
[32] z. B. das Unitestpapier des VEB Feinchemie Sebnitz
[33] z. B. mit dem vom VEB Carl Zeiss Jena produzierten
[34] C. N. REILLAY und C. M. CRAWFORD, Analytic. Chem. **27** (1955), 716
(Die Autoren haben ausführlich die Grundlagen der

Präzisionskolorimetrie behandelt, eingehende Fehlerbetrachtungen angestellt und vier Methoden beschrieben, bei denen sich Fehler genau angeben und auf ein Minimum reduzieren lassen. Darunter befindet sich eine, die mit 2 Vergleichslösungen arbeitet und auch eine genaue kolorimetrische pH-Messung ermöglicht, sofern die Fehlerquellen ausgeschaltet werden, die bei kolorimetrischen pH-Bestimmungen allgemein zu berücksichtigen sind.)

[35] D. G. RANDS, Agric. a. Food Chem. **9** (1961), 357

[36] z. B. KORTÜM, „*Kolorimetrie, Photometrie und Spektrometrie*", 4. Aufl., Springer-Verlag, Berlin 1962
R. BORSDORF und M. SCHOLZ, „*Spektroskopische Methoden in der organischen Chemie*", Akademie-Verlag, Berlin 1974
A. J. BAKER und T. CLAIRUS, „*Spectroscopical Techniques in Organic Chemistry*", Verlag Heyden & Son Ltd., London 1967
R. BRODE in: W. BERL, „*Physical Methods in Chemical Analysis*", Bd. 1, Springer-Verlag, New York 1957

[37] P. WULFF, Z. Ver. dtsch. Chem., Beih. **48** (1950), 42f.
H. FUHRMANN, Chemie-Ing.-Techn. **26** (1954), 401
J. F. BISHOP und R. S. WHITE, Ind. Engng. Chem. **46** (1954), 1432

[38] J. HORIUTI, A. MATSUDA, M. ENYO und H. KITA, The First Australian Congress on Electrochemistry, 1963
A. MATSUDA und J. HORIUTI, J. Res. Inst. Catalysis (Sapporo) **6** (1958), 231
M. ENYO, M. HASHI und H. KITA, J. Res. Inst. Catalysis (Sapporo) **10** (1962), 153

[39] G. J. HILLS und D. J. G. IVES, J. chem. Soc. (London) **1951**, 305, 311

[40] A. FERSE und K. SCHWABE, Z. physik. Chem. (Leipzig) **230** (1965), 20

[41] K. SCHWABE und S. ZIEGENBALG, Z. Elektrochem. **62** (1958), 172

[42] G. MATTOCK, „*Laboratory pH Measurements*" in: „*Advances in Analytical Chemistry and Instrumentation*", C. N. Reilley (Ed.), Vol. 2, S. 35–122, John Wiley, New York 1963

[43] M. J. VASILE und C. G. ENKE, J. electrochem. Soc. **112** (1965), 865

[44] G. Bianchi, A. Barosi, G. Faita und T. Mussini, J. electrochem. Soc. **112** (1965), 921
[45] P. Nylen, Svensk. Kem. Tidskr. **48** (1936), 76
[46] H. Binder, A. Köhling und A. Sandstede, Chemie-Ing.-Techn. **43** (1971), 1084
[47] P. N. Krishnan, J. Young und R. E. Salomon, J. physic. Chem. **70** (1966), 1595
[48] P. G. Sibbald und G. Matsuyama, Analytic. Chem. **35** (1963), 1718
[49] T. Biegler und R. Woods, J. chem. Educat. **50** (1973), 604
s. a. K. Schwabe, „*Physikalische Chemie*", Bd. 2, S. 146, Akademie-Verlag, Berlin 1974
[50] K. Schwabe, „*pH-Meßtechnik*", 4. Aufl., Theodor Steinkopff-Verlag, Dresden 1976
[51] J. P. Schwing, J. chem. Physics **61** (1964), 491
[52] J. L. Gabbard, J. Amer. chem. Soc. **69** (1947), 533
[53] F. Hovorka und W. C. Dearing, J. Amer. chem. Soc. **57** (1935), 446
[54] J. De Fliss und J. M. Worobjew, Betriebslaboratorium UdSSR **29** (1963), 538
[55] Über registrierende pH-Messungen mit der Chinhydron-Elektrode s. a. C. C. Coons, Ind. Engng. Chem. analyt. Edit. **3** (1931), 402; **4** (1932), 175
[56] B. Nayak und D. H. Sahu, Electrochim. Acta **18** (1973), 271
[57] A. Svovová, Collect. czechoslov. chem. Commun. **28** (1963), 739
[58] F. Čuta und S. Havelka, Collect. czechoslov. chem. Commun. **28** (1963), 3005
[59] Z. Dolinski und B. Waligova, Prace Chemiczne **5** (1959), 87
[60] J. Römer, Dissertation TU Dresden, Inst. f. Elektrochemie und Physikalische Chemie, 1967
J. Römer und K. Schwabe, Electrochim. Acta **15** (1970), 885
[61] M. R. Abdalla, Thesis Cairo University (1965)
[62] K. Schwabe, „*pH-Meßtechnik*", 4. Aufl., S. 116, Theodor Steinkopff-Verlag, Dresden 1976
[63] M. Cremer, Z. Biol. **47** (1906), 562
[64] F. Haber und E. Klemensiewicz, Z. physik. Chem. **67** (1909), 385

[65] s. K. Schwabe und H.-D. Suschke, Angew. Chem. **76** (1964), 39
G. A. Rechnitz, Z. analyt. Chem. **214** (1965), 252
R. A. Durst, J. chem. Educat. **44** (1967), 175
[66] K. Schwabe und H. Dahms, Mber. dtsch. Akad. Wiss. Berlin, I, **279** (1959)
[67] R. M. Doremus, Gen. El. Report No. **67C** (1967), 296
[68] s. z. B. J. Altug und M. L. Hair, J. physic. Chem. **71** (1967), 4260; **72** (1968), 599, 2976
[69] K. H. Stern und S. E. Meador, J. Res. NBS, A (Phys. a. Chem.) **69 A** (1965), 553
K. H. Stern, J. electrochem. Soc. **114** (1967), 1257
R. H. Doremus, J. physic. Chem. **72** (1968), 2877; J. electrochem. Soc. **115** (1968), 924
[70] B. Karlberg, J. electroanalyt. Chem. **45** (1973), 127; **49** (1974), 1
[71] F. G. K. Baucke, J. Non-Crystalline Sol. **14** (1974), 13
[72] B. P. Nikolski, J. physic. Chem. **10** (1937), 495
[73] B. P. Nikolski und M. M. Schulz, Westnik. Leningradskogo Univ. **4** (1963), 74; J. physic. Chem. **36** (1962), 1327
Z. Bocksay und B. Czakvari, Ann. Univ. Sci. Budapestinensis, Sect. Chim. **10** (1968), 125
B. S. Smoljakov, V. D. Perkovec und P. A. Krjukov, Nachr. sibir. Abt. Akad. Wiss. UdSSR **4** (1967), 2, 3–6
[74] K. Schwabe, Chemie-Ing.-Techn. **29** (1957), 656; Dechema Monogr. **31** (1959), 151
[75] M. Dole, J. Amer. chem. Soc. **54** (1932), 2120
[76] K. Schwabe und G. Glöckner, Z. Elektrochem. **59** (1955), 504
Z. Bocksay, G. Bouguet, B. Czakvari und T. Garai, Ann. Univ. Sci. Budapestinensis Sect. Chim. **10** (1968), 119
[77] H. Geisler, Chem. Techn. **20** (1968), 233
[78] G. T. Petrovsky und F. Čuta, Collect. czechoslov. chem. Commun. **27** (1962), 25
[79] vgl. z. B. L. Kratz, „*Die Glaselektrode und ihre Anwendungen*", S. 116, Steinkopff-Verlag, Frankfurt/Main 1950
K. Schwabe, Z. Elektrochem. angew. physik. Chem. **43** (1937), 874
[80] D. J. G. Ives und G. J. Janz, „*Reference Electrodes, Theory and Practice*", Academic Press, New York 1961
[81] M. H. Lietzke und R. W. Stoughton, J. Amer. chem. Soc. **75** (1953), 5226

[82] R. L. Every und W. P. Banks, Electrochem. Technol. **4** (1966), 275
[83] G. J. Hills, S. R. Gupta und D. J. G. Ives, Trans. Faraday Soc. **59** (1963), 1886
[84] K. Schwabe, Naturwiss. **44** (1957), 350
[85] A. K. Covington, P. K. Talukdar und H. R. Thiask, Trans. Faraday Soc. **60** (1964), 412
[86] W. D. Larson, J. physic. Chem. **67** (1963), 937
[87] R. G. Bates, E. A. Guggenheim, H. S. Harned, D. J. G. Ives, G. J. Janz, C. B. Mond, R. A. Robinson, R. N. Stokes und W. F. K. Wynne-Jones, J. chem. Physics **25** (1956), 361
[88] R. G. Bates, „*Determination of pH Theory and Practice*", S. 6, J. Wiley & Sons, Inc., New York 1964
D. J. G. Ives und G. J. Janz, „*Reference Electrodes, Theory and Practice*", S. 37, Academic Press New York 1961
[89] K. Schwabe und W. Schindler, DWP (DDR) 112 522 (12. 4. 1975)
(Eine noch bessere Reproduzierbarkeit ist allerdings auch mit dieser Ag/AgCl-Elektrode nicht erreichbar, aber auch kaum nötig.)
[90] R. G. Bates und V. E. Bower, J. Res. Nat. Bur. Standards **53** (1954), 283
H. B. Hetzer, R. A. Robinson und R. G. Bates, J. physic. Chem. **66** (1962), 1423
R. G. Bates, NSB Technical Note **271** (1965), 33
[91] M. H. Lietzke, R. S. Greeley, W. T. Smith und R. W. Stoughton, J. physic. Chem. **64** (1960), 642
M. B. Towns, R. S. Greenley und M. H. Lietzke, J. physic. Chem. **64** (1960), 1861
s. a. J. physic. Chem. **67** (1963), 2573; **69** (1965), 2395; **70** (1966), 756; **72** (1968), 257
[92] G. Kortüm und W. Häusermann, Ber. Bunsenges. physik. Chem. **69** (1965), 594
[93] E. M. Khairy und A. E. Mahgoub, J. electroanalyt. Chem. **8** (1964), 482
[94] K. Schwabe, „*pH-Messungen unter extremen Bedingungen*", Verlag Chemie, Weinheim/Bergstr. 1960
M. Böttger, Dissertation TU Dresden, Inst. f. Elektrochemie u. Pysikalische Chemie, 1967
[95] s. z. B. R. G. Bates in: A. K. Covington und P. Jones,

„Hydrogen-Bonded Solvent Systems“, S. 49, Taylor and Francis, London 1968
L. R. DAWSON, K. H. KIM und H. C. ECKSTROM, J. physic. Chem. **70** (1966), 775
und frühere Arbeiten von L. R. DAWSON, C. L. DE LIGNY und A. A. WIENEKE, Rec. Trav. Chim. Pays-Bas **79** (1960), 268
D. FEAKINS und C. M. FRENCH, J. chem. Soc. (London) **1957**, 2581; s. ferner dortige Literaturangaben
K. SCHWABE, Österr. Chemiker-Ztg. **65** (1964), 339
K. SCHWABE und R. MÜLLER, Z. Elektrochem., Ber. Bunsenges. physik. Chem., im Druck
M. PAABO, R. G. BATES und R. A. ROBINSON, Analytic. Chem. **37** (1965), 462
W. MARPLE, J. Chemic. Engin. Data **12** (1967), 437
D. FEAKINS, K. G. LAWRENCE und R. P. T. TOMKINS, J. chem. Soc. (London) **1967**, 753
K. SCHWABE und E. FERSE, Z. Elektrochem., Ber. Bunsenges. physik. Chem. **70** (1966), 849
K. W. MORCOM und B. L. MUIJU, Nature **217**, No 5133 (1968), 1048
H. P. BENNETTO, D. FEAKINS und D. J. TURNER, J. chem. Soc. (A) **1966**, 1211

[96] H. S. HARNED und B. B. OWEN, *„The Physical Chemistry of Electrolytic Solutions“*, 3. Aufl., Reinhold Publ. Co., New York 1958

[97] D. FEAKINS und C. M. FRENCH, J. chem. Soc. (London) **1957**, 2581
W. GRAICHEN, Dissertation TU Dresden, Inst. f. Elektrochemie u. Physikalische Chemie, 1963
E. S. AMIS, J. electroanalyt. Chem. **8** (1964), 413
s. a. J. JUILLARD, These Univ. Clermont, Faculté des Sciences Etude de la dissociation des acides en solvents organiques et hydroorganiques, 1968

[98] A. S. QUIST und W. L. MARSHALL, J. physic. Chem. **72** (1968), 1536

[99] R. BEHRENS, Diplomarbeit TU Dresden, Inst. f. Elektrochemie u. Physikalische Chemie, 1962

[100] H. K. FRICKE, Beitr. angew. Glasforsch. (Schott Stuttgart) **1959**, 175; Zucker **14** (1961), 162, 188

[101] M. SEIDLER, Diplomarbeit TU Dresden, Inst. f. Elektrochemie u. Physikalische Chemie, 1967

K. Schwabe und M. Seidler, Chem. Techn., *im Druck*
[102] K. Schwabe, *„pH-Meßtechnik"*, 4. Aufl., S. 16, Theodor Steinkopff-Verlag, Dresden 1976
K. Schwabe, *„Physikalische Chemie"*, Bd. 2, S. 182, Akademie-Verlag, Berlin 1975
[103] G. Kortüm, *„Lehrbuch der Elektrochemie"*, 4. Aufl., S. 275f., Verlag Chemie, Weinheim/Bergstr. 1966
[104] R. O. Picknett, Trans. Faraday Soc. **64** (1968), 1059
[105] P. Henderson, Z. physik. Chem. **59** (1907), 118; **63** (1908), 325
s. a. J. J. Hermans, Rec. Trav. Chim. Pays-Bas **57** (1968), 1373
[106] P. A. Rock, Electrochim. Acta **12** (1967), 1531
[107] G. Bianchi, G. Faita, R. Galli und T. Mussini, Electrochim. Acta **12** (1967), 439
[108] E. A. Guggenheim, J. physic. Chem. **34** (1930), 1758
Z. Szabo, Z. physik. Chem. (A) **174** (1935), 22, 33; **176** (1936), 1251; **181** (1938), 169
[109] W. N. Carson, J. E. Michelson und K. Koyama, Analytic. Chem. **27** (1955), 472
[110] G. Brunisholz, Analytica chim. Acta (Amsterdam) **10** (1954), 470
K. Schwabe, *„pH-Meßtechnik"*, 4. Aufl., S. **214**, Theodor Steinkopff-Verlag, Dresden 1976
[111] I. E. Leonhard und P. G. Sibbald, 16th National Meeting, American Association of Clinical Chemists, Boston, Mss., 1964
[112] A. J. Zielen, J. physic. Chem. **67** (1963), 1474
[113] R. G. Bates und V. E. Bower, J. Res. Nat. Bur. Standards **53** (1964), 283
[114] A. K. Covington und J. E. Prue, J. chem. Soc. **1955**, 3696, 3701
A. K. Covington, J. chem. Soc. **1960**, 4441
K. Schwabe, Österr. Chemiker-Ztg. **65** (1964), 339
T. S. Light und K. S. Fletcher, Analytic. Chem. **39** (1967), 70
[115] K. Schwabe, Electrochim. Acta **12** (1967), 67
Almut und Andrej Stasko (1964) und G. Steyer (1966), Diplomarbeiten TU Dresden, Inst. f. Elektrochemie u. Physikalische Chemie
[116] K. Schwabe und E. Ferse, Ber. Bunsenges. physik. Chem. **69** (1965), 383

J. J. Heinrich, Diplomarbeit TU Dresden, Inst. f. Elektrochemie u. Physikalische Chemie, 1964
[117] K. Schwabe, Z. Elektrochem. **42** (1936), 147; **43** (1937), 874
[118] W. M. Beck, A. E. Bottom und A. K. Covington, Analytic. Chem. **40** (1968), 501
[119] vgl. z. B. K. Schwabe, „*pH-Meßtechnik*", 4. Aufl., S. 27, Theodor Steinkopff-Verlag, Dresden 1976
[120] E. Bishop, Analytica chim. Acta (Amsterdam) **21** (1959), 493; **22** (1960), 16
[121] TGL 0-19260 und 0-19261
[122] R. G. Bates, „*Determination of pH Theory and Practice*", S. 77f., J. Wiley & Sons, Inc., New York 1964
[123] R. G. Bates und E. A. Guggenheim, Pure Appl. Chem. **1** (1960), 163
[124] s. K. Schwabe, „*Physikalische Chemie*", Bd. 2, S. 73, Akademie-Verlag, Berlin 1974
[125] R. G. Bates, J. Res. Nat. Bur. Standards **66A** (1962), 179
[126] A. Thiel, G. Schulz und G. Coch, Z. Elektrochem. angew. physik. Chem. **40** (1934), 150
[127] W. Wilke, Diplomarbeit TU Dresden, Inst. f. Elektrochemie u. Physikalische Chemie, 1967
[128] R. G. Bates, Ann. N. Y. Acad. Sci. **92** (1961), 120, 341
[129] N. E. Good, G. D. Winget, W. Winter, Th. W. Connolly, S. Izawa und R. M. M. Singh, Biochem. **5** (1966), 467
[130] H. Neumann und H. Geisler, Dtsch. Ges.wesen **23** (1968), 2414
[131] O. Petersen, Chemie-Ing.-Techn. **40** (1968), 76
[132] P. A. Krjukov, W. D. Perkovez, I. J. Starestina und B. J. Smoljekov, Nachr. sibir. Abt. Akad. Wiss. UdSSR **7** (1966), 30
[133] M. H. Lietzke und J. V. Vaughen, J. Amer. chem. Soc. **77** (1955), 876
R. S. Greeley, W. T. Smith Jr., R. W. Stoughton und M. H. Lietzke, J. physic. Chem. **64** (1960), 652
s. a. [81], Tabelle 19
[134] s. H. J. Dulce, Internist **5** (1964), 51
R. W. Winters, K. Engel und R. B. Dell, Acid Base Physiology in Medicine, Radiometer A/S Emdrupvej 72, DK-2400 Copenhagen/Denmark

[135] M. C. SANZ, Clin. Chem. (New York) **3** (1957), 406
P. ASTRUP, J. clin. Invest. **8** (1956), 33
[136] O. SIGGAARD-ANDERSEN, „*The acid-base status of the blood*", Verlag Munksgaard, Kopenhagen 1965
s. a. W. EHRHARDT, H. NEUMANN, L. H. SCHMIDT und H. WESSIG, „*Säure-Basen-Gleichgewicht des Menschen*", Theodor Steinkopff-Verlag, Dresden 1975
[137] R. F. FREIER, K. J. CLAYSON und E. S. BENSON, Clin. chim. Acta (Amsterdam) **9** (1964), 348
[138] W. F. von STACKELBERG, Inaugural-Dissertation Universität München, 1970
[139] A. FLETCHER, W. INGOLD und A. BAERFUSS, Chemie-Ing.-Techn. **36** (1964), 1000
[140] W. INGOLD, Dechema Monogr. **43** (1961), 153
[141] W. SCHINDLER, Chem. Techn. **28** (1976), 223
[142] D. W. LÜBBERS, Nature **49** (1962), 493
[143] K. SCHWABE und H.-D. SUSCHKE, unveröffentlicht Resultate
[144] R. N. KHURI, Rev. Sci. Instr. **33** (1962), 730
s. a. P. C. CALDWELL, J. Physiology (London) **126** (1954), 169
N. W. CARTER, F. C. RECTOR, D. S. CAMPION und D. W. SELDIN, J. clin. Invest. **46** (1967), 920
[145] P. SCHNEID und P. KUNZE, Acta Unio int. Cancrum (Louvain) **18** (1962), 256
[146] R. V. SOLTERO und G. E. LEE, Environmental Sci. Technol. **1** (1967), 503
[147] s. J. HENGSTENBERG, B. STURM und D. WINKLER, „*Messen und Regeln in der chemischen Technik*", S. 639, Springer-Verlag, Berlin 1961
[148] C. W. COTMAR und D. M. SMITH, J. Sci. Instr. **47** (1964), 561
[149] T. V. MALMSTADT und E. H. PIEPMEIER, Analytic. Chem. **37** (1965), 34
[150] H. ENGELHARDT, Dechema Monogr. **25** (1955), 600
D. WEGMANN und W. SIMON, Helv. chim. Acta **47** (1964), 1181
J. T. CLERC, Z. STEFANEC und W. SIMON, Helv. chim. Acta **48** (1965), 54; G. D. T. Fachz. Lab. **10** (1966), 1033
[151] K. SCHWABE, „*Elektrochemische pH-Messungen unter extremen Bedingungen*", S. 60, Verlag Chemie, Weinheim/Bergstr. 1960

[152] L. N. AGAR und W. G. BRECK, Trans. Faraday Soc. **53** (1957), 167, 179
J. JACKSON, J. Polarogr. Soc. **12** (1966), 111
[153] J. T. CLERC, Z. STEFANEC und W. SIMON, Helv. chim. Acta **48** (1965), 54; G. D. T. Fachz. Lab. **10** (1966), 1033
[154] M. H. LIETZKE und J. V. VAUGHEN, J. Amer. chem. Soc. **77** (1955), 876
[155] M. BÖTTGER, Dissertation TU Dresden, Inst. f. Elektrochemie u. Physikalische Chemie, 1967
[156] M. LE PEINTRE, Bull. Soc. Franc. Electriciens **8** (1960), 584
[157] R. B. BUCK und J. KRULL, J. elektroanalyt. Chem. **18** (1968), 363
[158] P. J. ANTIKAINEN, Ann. Acad. Sci. Fennicae Ser. A, **II 56** (1954), 7; Suomen Kemistilehti **B 30** (1957), 74
J. O. EDWARDS, J. Amer. chem. Soc. **75** (1953), 6151 s. a. [155]
[159] G. FIEHN, Zellstoff u. Papier **10** (1961), 449; **11** (1962), 84, 455; **13** (1964), 136; Chem. Techn. **16** (1964), 369; Dissertation TU Dresden, Inst. f. Elektrochemie u. Physikalische Chemie, 1963
[160] K. SCHWABE, Chemie-Ing.-Techn. **36** (1958), 228
[161] O. V. INGRUBER, Pulp Pap **58** (1957), 131
[162] K. A. E. BLACKMORE und A. E. MARKHAM, Tappi **41** (1958), 138 A
[163] W. W. WIRZ, Dechema Monogr. **43** (1962), 145
[164] A. J. SHUKOV, J. physik. Chem. (UdSSR) **37** (1963), 235
[165] R. FOURNIE, P. LE CLERK und L. SAINT-JAMES, Silicates Ind. **27** (1962), 33
[166] K. SCHWABE, Z. Elektrochem. angew. physik. Chem. **41** (1935), 681
[167] H. GEISLER, Chem. Techn. **20** (1968), 233
[168] A. DISTÈCHE, J. electrochem. Soc. **109** (1962), 1084
[169] A. DISTÈCHE und S. DISTÈCHE, J. electrochem. Soc. **114** (1967), 330
[170] K. BUCH und S. GRIPPENBERG, J. Cons. Permanent Int. Explorat. Mer. **7** (1932), 233
[171] K. PARK, Science **154** (1966), 1540
s. a. C. CULBERTSON, O. R. KESTER und R. M. PYTKOVITZ, Science **157** (1967), 59
[172] J. D. H. STRICKLAND und T. R. PARSONS, „*A Manual of*

Seawater Analysis", in: Bull. Fisheries Res., Board Canada, No 125, Ottawa, 1965, S. 31

[173] A. DISTÈCHE und B. DUBUISSON, Bull. Inst. Oceanogr. Monaco **57** (1960), 1174; **64** (1964), 1320

[174] S. BEN-YAAKOV und J. R. KAPLAN, Rev. Sci. Instr. **39** (1968), 1133

[175] P. N. KRISHNAN, L. YOUNG und R. E. SALOMON, J. physic. Chem. **70** (1966), 1595

[176] W. D. TREADWELL und L. WEISS, Helv. chim. Acta **3** (1920), 433
E. SCHREINER, Z. anorg. allg. Chem. **116** (1921), 102
F. REIFF, Z. anorg. allg. Chem. **208** (1932), 321

[177] s. F. E. CRITCHFIELD und J. B. JOHNSON, Analytic. Chem. **31** (1959), 570

[178] K. SCHWABE, Croat. chim. Acta **44** (1972), 127

[179] K. SCHWABE, H. HELM und Ch. QUECK, Z. physik. Chem. (Leipzig) **255** (1974), 1149

[180] K. SCHWABE, Electrochim. Acta **12** (1967), 67

[181] K. SCHWABE, Österr. Chemiker-Ztg. **65** (1964), 339
A. FERSE, Dissertation TU Dresden, Inst. f. Elektrochemie u. Physikalische Chemie, 1964

[182] G. BEINROTH, K. SCHWABE und H.-D. SUSCHKE, Z. physik. Chem. (Leipzig) **235** (1967), 133

[183] R. H. STOKES und R. A. ROBINSON, J. physic. Chem. **61** (1967), 1132; Trans. Faraday Soc. **53** (1957), 305
E. GLÜCKAUF, Trans. Faraday Soc. **51** (1955), 1235; **53** (1957), 305

[184] K. SCHWABE und H. HELM, Z. physik. Chem. (Leipzig) **255** (1974), 475

[185] R. G. BATES, M. PAABO und R. A. ROBINSON, J. physic. Chem. **67** (1963), 1833
M. PAABO, R. A. ROBINSON und R. G. BATES, J. Amer. chem. Soc. **87** (1965), 415

[186] R. G. BATES, Technical Note NBS **271** (1965), 25

[187] A. K. COVINGTON, M. PAABO, R. A. ROBINSON und R. G. BATES, Analytic. Chem. **40** (1968), 700

[188] K. SCHWABE und H. GEISLER, Electrochim. Acta **12** (1967), 147
M. ALFENAAR und C. L. de LIGNY, Electrochim. Acta **13** (1968), 662
K. SCHWABE, H. GEISLER und H. STEINHAUER, Electrochim. Acta **13** (1968), 663

[189] G. J. Hills und D. J. G. Ives, J. chem. Soc. (London) **1951**, 305, 311

[190] K. Schwabe und K. Wankmüller, Ber. Bunsenges. physik. Chem. **69** (1965), 528

[191] Inst. f. Elektrochemie u. Physikalische Chemie, TU Dresden, unveröffentlichte Ergebnisse

[192] R. Behrens, Diplomarbeit TU Dresden, Inst. f. Elektrochemie u. Physikalische Chemie, 1962

[193] I. M. Kolthoff und M. K. Chantooni, Jr., J. Amer. chem. Soc. **87** (1965), 4428

[194] J. M. Kolthoff u. S. Brückenstein, J. Amer. chem. Soc. **78** (1956), 1, 10, 2974; **79** (1957), 1, 5915

[195] D. Wegmann, J. P. Escarfail und W. Simon, Helv. chim. Acta **45** (1962), 826

[196] J. D. K. Roe, Analytic. Chem. **38** (1966), 461 R

[197] J. Jander, H. Spandau und G. C. Addison, „*Chemistry in Nonaqueous Ionizing Solvents*", Vol. 4, Interscience Publ., New York 1963

[198] B. Karlberg, J. electroanalyt. Chem. **42** (1973), 115; **45** (1973), 127

[199] B. Karlberg, J. electroanalyt. Chem. **49** (1974), 1; Analytica chim. Acta (Amsterdam) **66** (1973), 93
B. Karlberg und G. Johansson, Talanta (London) **16** (1969), 1545

[200] E. Sörensen und T. Lundgaard, J. electroanalyt. Chem. **9** (1965), 128

[201] B. Karlberg und A. Wikby, Acta chem. scand. **27** (1973), 1855

[202] N. A. Ismailov, „*Elektrochimija Rastvorov*", S. 756, Verlag der Gorki-Universität, Charkov 1959;
Z. Fiz. Chim. **34** (1960), 2414; Dokl. Akad. Nauk UdSSR **126** (1959), 1033; **149** (1963), 884

[203] K. Schwabe und Ch. Queck, Bull. Soc. Chim. Beograd **39** (1974), 433

[204] R. G. Bates und G. Schwarzenbach, Helv. chim. Acta **11** (1955), 699

[205] vgl. z. B. H.-M. Koepp, H. Wendt und H. Strehlow, Z. Elektrochem. **64** (1960), 483
C. F. Wells, J. C. S. Faraday I **69** (1973), 984; **70** (1974), 694; **71** (1975), 1868; **72** (1976), 601
O. Popovych, Analytic. Chem. **46** (1974), 2009

[206] H. S. Harned und B. B. Owen, J. Amer. chem. Soc. **60** (1938), 2233, vgl. a. W. Leusche und K. Schwabe, J. electroanalyt. Chem. **25** (1970), 219
[207] K. Schwabe und Ch. Queck, Bull. Soc. Chim. Beograd **39** (1974), 433
Ch. Qeck, Dissertation TU Dresden, Sektion Chemie, 1974
[208] K. H. Stern und S. E. Meador, J. Res. Nat. Bur. Stand. **69 A** (1965), 533
[209] I. Ya. Feenberg, Elektrochimija **3** (1967), 719
K. Notz und A. G. Keenan, J. physic. Chem. **70** (1966), 662
[210] H. Pallmann, Kolloid-Beih. **30** (1930), 334
G. Wiegner und H. Pallmann, Z. Pflanzenernähr., Düng., Bodenkunde **A 16** (1930), 1
[211] über Donnan-Potentiale vgl. K. Schwabe, „*Physikalische Chemie*“, Bd. 2, S. 347, Akademie-Verlag, Berlin 1974
[212] H. Kadner, Dissertation TU Dresden, Sektion Chemie, 1975
[213] F. Oehme, Kommunalwirtschaft **1964**, Vol. 9
[214] R. Süss, Wasser, Luft u. Betrieb **6** (1962), 285
[215] W. Hirsch, Chem. Techn. **14** (1962), 36
[216] K. Schwabe, unveröffentlichte Ergebnisse
[217] H. Pallmann, Kolloid-Beih. **30** (1930), 334
J. Th. G. Overbeck, Progr. Physics Biophysic. Chem. **6** (1956), 57
M. Kahlweit, Z. physik. Chem. (Frankfurt/Main) **15** (1958), 196
[218] H. Lehmann und W. Lorenz, TIZ-Zbl. **85** (1961), 325 349; **86** (1962), 79
[219] F. Church, Instrument. Pract. **1965**, 1091
[220] P. A. Krjukov, Hydrochem. Mater. **33** (1960), 155
[221] K. W. Roennefahrt, Fette, Seifen, Anstrichmittel **60** (1964), 284
[222] I. Palenius, P. Ålander und A. Juselius, Papper och Trä **44** (1962), 85
[223] R. Süss, ATM V 332—22, 113 (1960)
M. Aronson, Instr. Control Syst. **38** (1965), 81

12. Sachregister

Bei Fragen zur Produktsicherheit wenden Sie sich bitte an:
If you have any questions regarding product safety,
please contact:

Walter de Gruyter GmbH
Genthiner Straße 13
10785 Berlin
productsafety@degruyterbrill.com